マイファーストサイエンス

理科年表シリーズ
CHRONOLOGICAL
SCIENTIFIC
TABLES

よくわかる宇宙と地球のすがた

国立天文台 編

丸善株式会社

序

『理科年表』に新たなシリーズが加わりました。

科学知識のデータブックとして、大正 14 年から刊行を続ける『理科年表』は、これまで多くの研究者や理系学生、理科教育関係者の方々に、研究・教育の基礎資料あるいは教育現場での教材として愛用されています。

『理科年表』の大きな特徴は、スタンダードで正確なデータと、長年蓄積してきた膨大なデータ量にあります。そのデータの中から、地球環境の変動、自然科学の驚異、そして科学技術の進歩などをみずから読み解く楽しさがあります。

このたびお届けします『マイ・ファースト・サイエンス』シリーズは、次世代の若き科学者たちに向け、サイエンスのデータに親しみ、関連性をみずから読み解く力を養ってほしい、というメッセージをこめて編集しました。全ページを通じて、解説を補うための図や写真、イラストを満載し、キャラクターたちが私たちの理解を助け、さらにわかりやすく、親しみやすいレイアウトを心がけました。

本書では、「宇宙」と「地球」をテーマに、私たちが知りたかった疑問や謎にせまり、宇宙・惑星・地球科学の魅力を最大限にお伝えします。

本書を通じて、一人でも多くの方がサイエンスの魅力を再発見し、さらには『理科年表』にも手を伸ばしていただけたら幸いです。

2010 年 6 月

国立天文台　台長　観　山　正　見

監修者一覧

◎印は、第１巻「よくわかる宇宙と地球のすがた」の執筆者を示す。

◎	縣 秀彦	国立天文台天文情報センター
	浅賀 宏昭	明治大学大学院教養デザイン研究科
◎	片山 真人	国立天文台天文情報センター
◎	杵島 正洋	慶應義塾高等学校
	左巻 健男	法政大学生命科学部環境応用化学科
◎	相馬 充	国立天文台光赤外研究部
	滝川 洋二	東海大学教育開発研究所
	田代 大輔	NPO 法人気象キャスターネットワーク
◎	半田 利弘	東京大学大学院理学系研究科
	兵頭 俊夫	高エネルギー加速器研究機構 物質構造研究所
	保坂 直紀	読売新聞東京本社科学部
	松本 直記	慶應義塾高等学校
	渡辺 政隆	独立行政法人科学技術振興機構

（五十音順・2010 年 6 月現在）

目　次

よくわかる地球と宇宙のすがた

1 季節と地球の運動

―こよみはどのようにして決められているの？―

1年は365日からなりますが、4年に1度オリンピックの開催される年には2月29日ができて366日になりますね。1年という考え方が生まれたのは、種をまき、収穫をするという農耕作業のタイミングを季節の変化にあわせる必要があったからです。

地球がどこにいるかで季節がわかる

地球の自転軸《じてんじく》は図1のように地球の公転面《こうてんめん》（軌道面《きどうめん》）に対して垂直ではなく、適度な傾きを持っています。このため、北極側が太陽の方向を向く時期（北半球の夏）と南極側が太陽の方向を向く時期（北半球の冬）ができ、この途中が春や秋となります。地球がどのあたりを運動しているかによって、地球の自転軸が太陽に対してどのような方向を向い

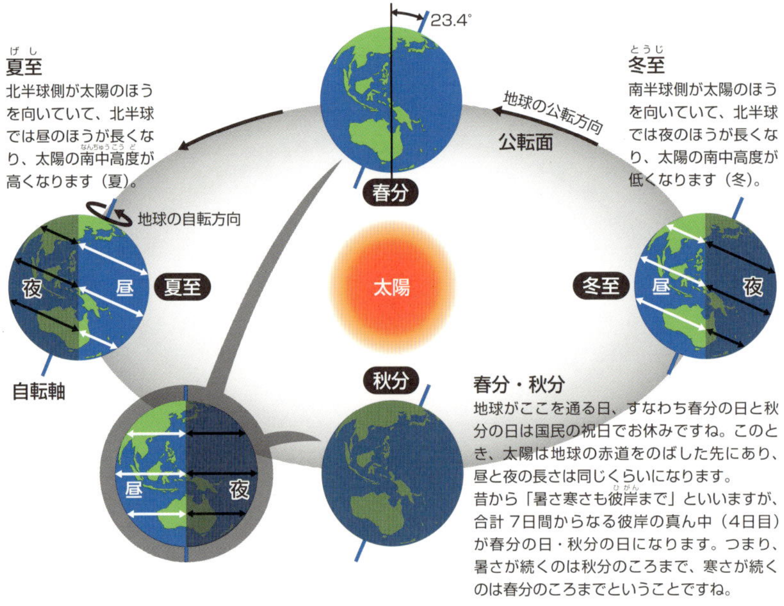

23.4°
夏至《げし》
北半球側が太陽のほうを向いていて、北半球では昼のほうが長くなり、太陽の南中高度《なんちゅうこうど》が高くなります（夏）。
冬至《とうじ》
南半球側が太陽のほうを向いていて、北半球では夜のほうが長くなり、太陽の南中高度が低くなります（冬）。
地球の公転方向
公転面
春分
地球の自転方向
夜
昼
夏至
太陽
冬至
昼
夜
自転軸
秋分
昼
夜
春分・秋分
地球がここを通る日、すなわち春分の日と秋分の日は国民の祝日でお休みですね。このとき、太陽は地球の赤道をのばした先にあり、昼と夜の長さは同じくらいになります。
昔から「暑さ寒さも彼岸《ひがん》まで」といいますが、合計 7日間からなる彼岸の真ん中（4日目）が春分の日・秋分の日になります。つまり、暑さが続くのは秋分のころまで、寒さが続くのは春分のころまでということですね。

図1　地球がどこにいるかで季節がわかる

ているか、すなわち季節がわかるのです。

日本付近では、太陽は毎日東から昇《のぼ》り、南を通って西に沈《しず》みますね。太陽だけでなく、月や星座もすべて同じように動いていきます。これは実際にこれらの天体が動いているわけではなく、地球が自転することによって、そう見えているだけなのです。

ここでは、季節によって太陽の通り道がどのように変化するか考えてみましょう。

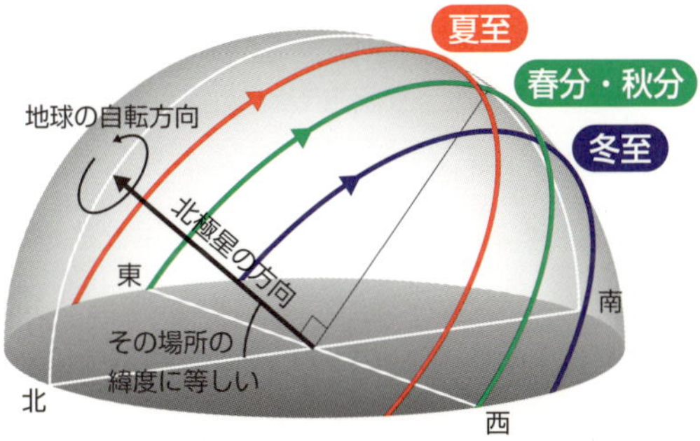

図２　季節による太陽の通り道の変化

地球の自転軸は北極星の方向とほぼ同じであり、すべての天体はこの軸を中心に回転するように見えます。ちなみに、この方向はその場所の緯度《いど》と等しくなります。

たとえば、春分・秋分の日には太陽は地球の赤道をのばした先にあります（図２）。このような位置にある太陽を自転軸のまわりに回転させた軌跡《きせき》（緑線）が春分・秋分の日の太陽の通り道というわけです。

夏至《げし》の日には太陽は赤道よりも北側にあります。これを自転軸のまわりに回転させた軌跡（赤線）が夏至の日の太陽の通り道です。

太陽の南中高度《なんちゅうこうど》が高く、軌跡（＝昼の時間）が長いことがわかりますね。

冬至《とうじ》の日には太陽は赤道よりも南側にあります。これを自転軸のまわりに回転させた軌跡（青線）が冬至の日の太陽の通り道です。

太陽の南中高度が低く、軌跡（＝昼の時間）が短いことがわかりますね。

太陽の高度とエネルギー密度

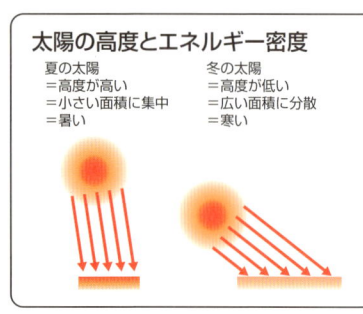

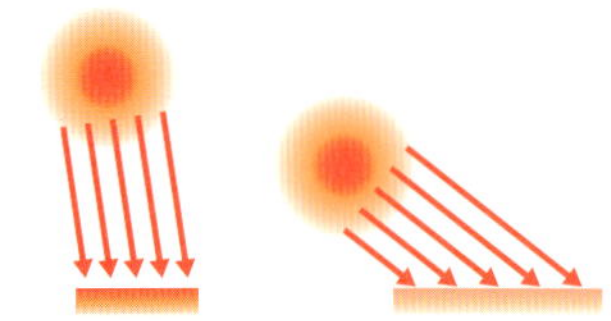

このように、夏と冬では太陽の高度にちがいがあるわけですが、太陽の高度によって同じ面積でも受けるエネルギーの量が異なり（左図）、夏は暑く、冬は寒くなります。

北極や赤道上、南半球では太陽の動きがどのようになるか、それにより季節の変化がどのようになるか、考えてみましょう。

二十四節気《にじゅうしせっき》

春分・秋分・夏至・冬至だけでなく、さらに季節＝地球の位置を細かく分けたよび名があり、これを二十四節気とよびます（表 1）。月の満ち欠けをもとに生活していた江戸時代以前にはこれが季節の目安となりました。

表 1　二十四節気

立春《りっしゅん》	2 月 04 日ごろ	立夏《りっか》	5 月 05 日ごろ	立秋《りっしゅう》	8 月 07 日ごろ	立冬《りっとう》	11 月 07 日ごろ
雨水《うすい》	2 月 19 日ごろ	小満《しょうまん》	5 月 21 日ごろ	処暑《しょしょ》	8 月 23 日ごろ	小雪《しょうせつ》	11 月 22 日ごろ
啓蟄《けいちつ》	3 月 05 日ごろ	芒種《ぼうしゅ》	6 月 05 日ごろ	白露《はくろ》	9 月 07 日ごろ	大雪《たいせつ》	12 月 07 日ごろ
春分《しゅんぶん》	3 月 20 日ごろ	夏至《げし》	6 月 21 日ごろ	秋分《しゅうぶん》	9 月 23 日ごろ	冬至《とうじ》	12 月 21 日ごろ
清明《せいめい》	4 月 04 日ごろ	小暑《しょうしょ》	7 月 07 日ごろ	寒露《かんろ》	10 月 08 日ごろ	小寒《しょうかん》	1 月 06 日ごろ
穀雨《こくう》	4 月 20 日ごろ	大暑《たいしょ》	7 月 22 日ごろ	霜降《そうこう》	10 月 23 日ごろ	大寒《だいかん》	1 月 21 日ごろ

うるう年《どし》はなぜ必要なの？

地球が太陽のまわりを 1 周するためには、正確には 365.2422 日が必要になります。このため、こよみの上で 1 年 (=365 日) たっても

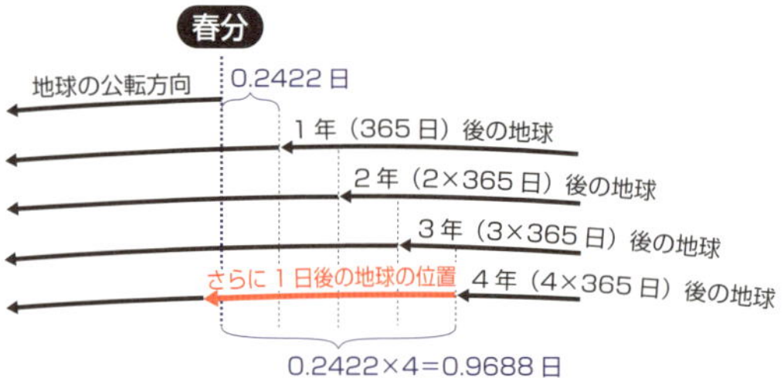

図 3　うるう年が必要な理由

もとには戻らず、0.2422 日分だけ手前の位置にいるのです（図 3）。

すると、2 年後、3 年後、4 年後の地球の位置は図のようになりますから、4 年後に 1 日増やす（＝うるう年）ことで、ほぼもとの位置に戻ることがわかります。このように地球の位置（季節）とこよみが大きくずれないように調整をすること、これがうるう年が必要な理由で、調整には西暦《せいれき》年が 4 で割り切れる年が選ばれています。

すでに、古代エジプトでは、太陽とシリウスが同時に昇る間隔を調べることで 365.25 日という周期を見つけていました。その知識をもとに、4 年に 1 度うるう年を挿入《そうにゅう》するというこよみをつくったのが、古代ローマの英雄ジュリアス・シーザー（ユリウス・カエサル）で、紀元前 46 年のことです。

ただし、これでは逆に 1 −(0.2422 × 4) = 0.0312 日だけ余計に調整することになってしまいますから、400 年間に 3 回、4 で割り切れるけれどもうるう年にならない年を決め、やり過ぎないようにしています。このようにして、私たちが現在使っているこよみ（グレゴリオ暦）は季節と大きくずれないようになっているのです。

うるう年の決め方を覚えましょう。

西暦が 4 で割り切れる年でも、100 で割り切れるが 400 で割り切れない年はうるう年になりません。すなわち、2000 年はうるう年ですが、1700 年、1800 年、1900 年はうるう年ではありません。

春分の日が年によってちがうのはなぜ？

ある年の 3 月 20 日 10 時に春分を通過した（→春分の日は 3 月 20 日）としましょう。次に通過するのは 365 日と 0.2422 日（約 6 時間）後になりますから、

1 年後は 3 月 20 日 16 時ごろ（→春分の日は 3 月 20 日）、

2 年後は 3 月 20 日 22 時ごろ（→春分の日は 3 月 20 日）、

3 年後は 3 月 21 日 04 時ごろ（→春分の日は 3 月 21 日）、

4 年後は 3 月 21 日 10 時ごろ、といいたいところですが、うるう年により 1 日増えますので、3 月 20 日の 10 時ごろとなり、春分の日は 3 月 20 日に戻るのです。

2 日の出入り

― 季節や場所により日の出、日の入り時刻が異《こと》なるのはなぜ？ ―

ひとくちに夕方6時といっても、冬はすでに真っ暗ですが、夏はまだ明るいですね。また、旅行先で時間感覚がずれるような体験をしたことがありませんか？　これらは季節や場所によって日の出入りが変化することが原因なのです。

日の出入りの季節変化

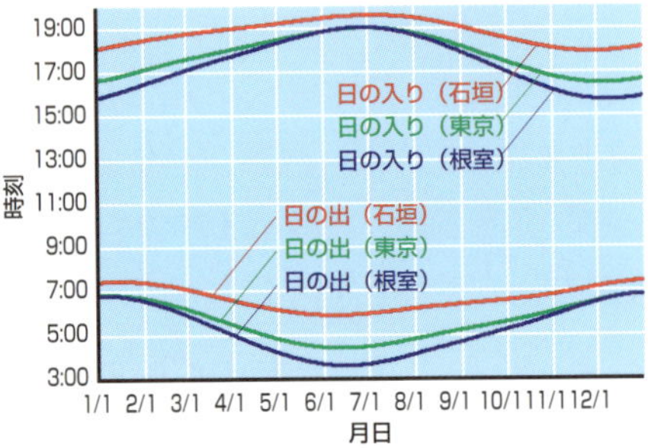

図１　日の出入り時刻の比較

まずは日の出入り時刻の季節変化を見ていきましょう。たとえば東京の日の出入り（図１、緑線）を見てみると、夏は日の出が早く日の入りがおそいこと、冬は日の出がおそく日の入りが早いことがわかりますね。

また、場所によっても季節変化の様子がかなりちがうことがわかります。たとえば、北海道の根室《ねむろ》（青線）では夏はたいへん早く夜が明けますが、沖縄県の石垣島《いしがきじま》（赤線）ではそれほど早くならず、年間を通してもあまり変化していませんね。

日の出入りとはなにか？

日の出とは、地球の自転によって、太陽光線の当たらない側（夜）から当たる側（昼）に移る現象といえます。図２において夜と昼の境界線が、同時に日の出となっている場所を示しています。この図からは太陽の昇《のぼ》る方角が真東よりも南寄りになることもわかりますね。同時に日の出をむかえる地点を日の出の時刻ごとに線で結んでやると、図３～５の左下の地図のようになります。

太陽は東のほうから昇りますから、東へ行くほど日の出が早くなると

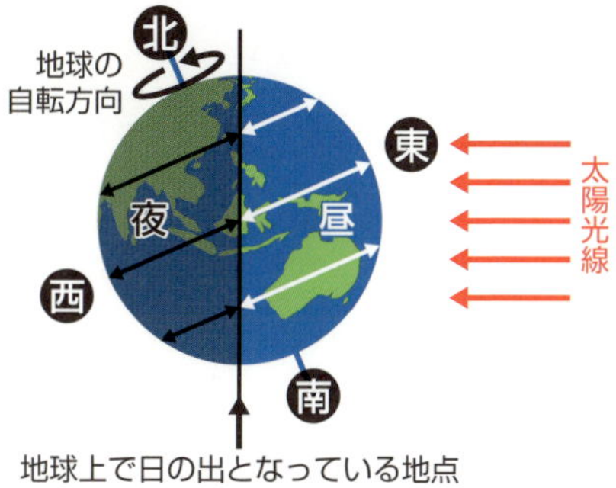

図２　冬至のころの日の出と昼の長さ

考えがちですが、冬至《とうじ》ごろの京都の日の出は、はるか東にある札幌《さっぽろ》とたいしてちがいがありません。南東に行くほど日の出が早いのです。

また、太陽光線の当たる側にいる時間は昼の長さをあらわしますから、冬至《とうじ》のころは北へ行くほど昼が短くなることもわかります。

以上をふまえて、日の出入りの季節や場所によるちがいを考えてみましょう。

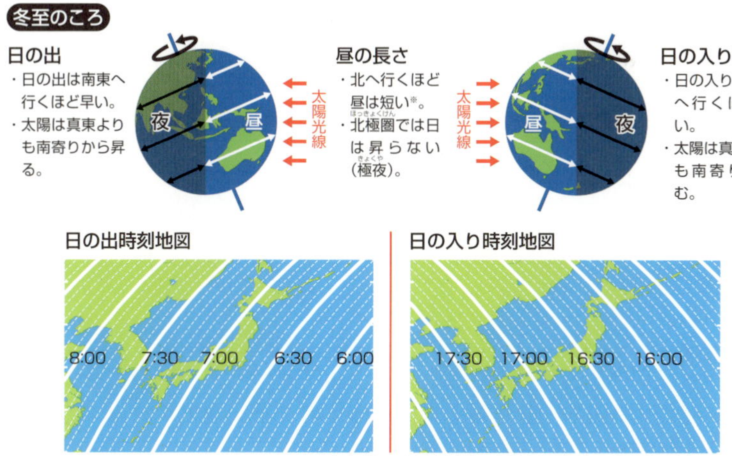

・日の入りは北東へ行くほど早い。
・太陽は真西よりも南寄りに沈《しず》む。

※　したがって昼の長さは、高緯度ほど夏冬の差は激しくなる。

図３　冬至のころの日の出入り

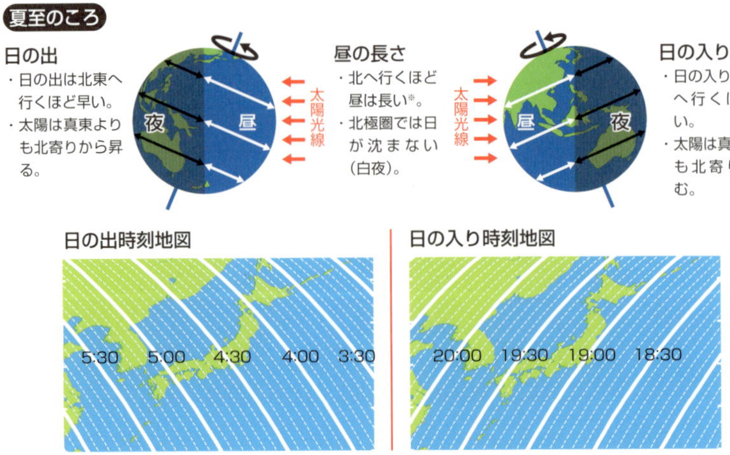

・日の入りは南東へ行くほど早い。
・太陽は真西よりも北寄りに沈む。

※ したがって昼の長さは、高緯度ほど夏冬の差は激しくなる。

図４　夏至のころの日の出入り

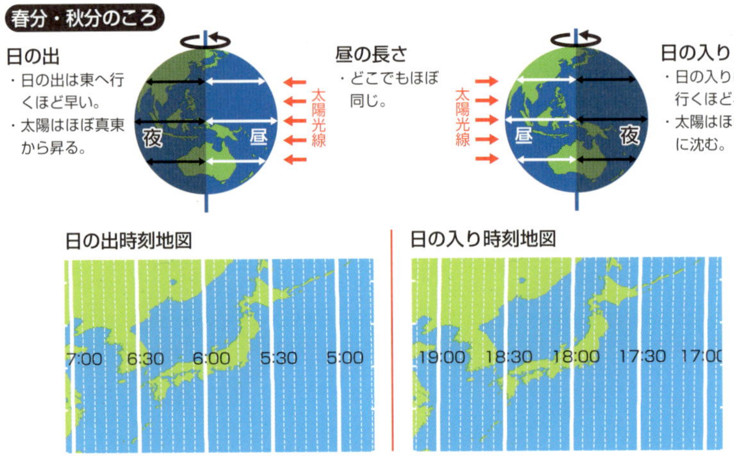

・日の入りは東へ行くほど早い。
・太陽はほぼ真西に沈む。

図５　春分・秋分のころの日の出入り

春分・秋分の日には昼と夜の長さが同じになる？

厳密《げんみつ》には、日の出は太陽の上側が地平線から顔を出す瞬間《しゅんかん》、日の入りは太陽が地平線の下に完全にかくれる瞬間として定義されます。このため、太陽の中心が出てから沈むまでの時間が仮に 12 時間でも、半径の分だけ昼の長さは長くなります。さらに、大気によって光が曲げられ、浮き上がって見えてしまう効果も加わって、春分・秋分のころでも昼は 12 時間 8 分、夜は 11 時間 52 分ほどとなり、約 16 分も昼が長いことになります。

また、日本付近では太陽はななめに昇りますから、方角もこの分だけ真東からずれることになります（図 6）。

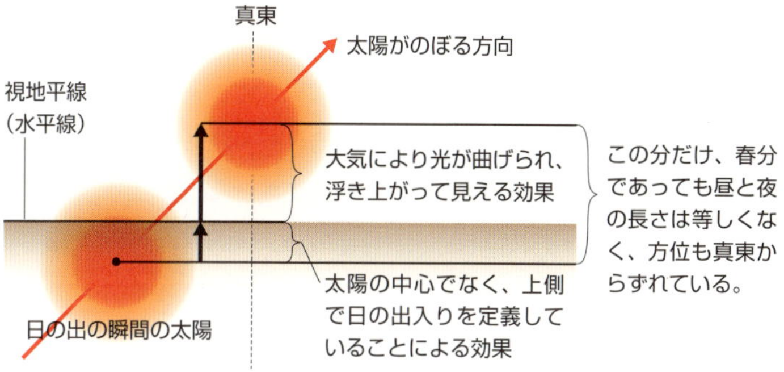

図 6　春分・秋分における日の出の様子

コラム　『はるか昔から　その①』

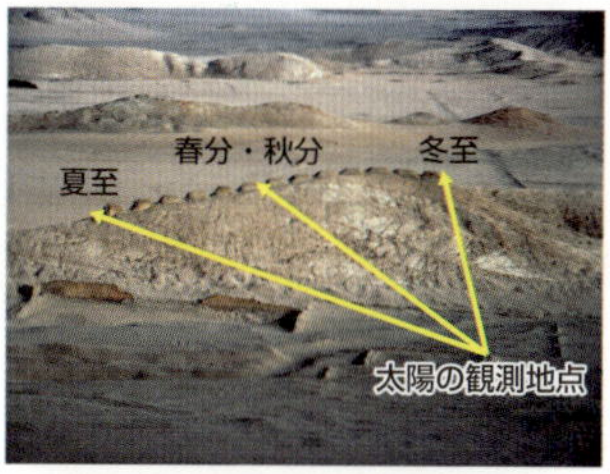

約2300年前の太陽観測所、チャンキロ遺跡（ペルー）

（提供：Ivan Ghezzi）

自転軸の傾きが地球の公転面に対して垂直ですと、つねに春分・秋分の図のようになり、季節変化が起こりません。逆に平行になると、夏はずっと昼、冬はずっと夜が続き、極端な季節変化を起こします。つまり、23.4° という適度な傾きが現在の季節変化を形づくっているわけです。

また、この傾き具合は長い時間を経てもそれほど大きくは変化しませんから、太陽は今も昔も変わらぬ動きを続けています。

写真は約2300年前に建設されたペルーのチャンキロ遺跡《いせき》です。現在でも春分（秋分）、夏至、冬至の日には特定の岩の間から太陽が昇ってくることを観察することができ、これが古代の太陽観測所であることが証明されました。人類ははるか昔から、太陽の運動によって季節の移り変わりを正確にとらえていたのですね。

3 太陽の南中《なんちゅう》時刻とその高度

―太陽の南中からなにがわかるの？―

人類最初の時計は、古代エジプトの日時計であったといわれています。時計といってもたった１本の棒を立てるだけのものですが、南中時刻や季節などさまざまな情報を得ることができるのです。

南中高度の季節変化

太陽が真南に来るのが南中で、太陽の高度が最も高くなり、日時計の影《かげ》は最も短くなります。この高度の季節変化は地球の自転軸が太陽に対してどちらを向いているかで決まります（図 1）。逆にいえば、南中時における日時計の影の長さをメモしておくことで、季節を知ることができます。

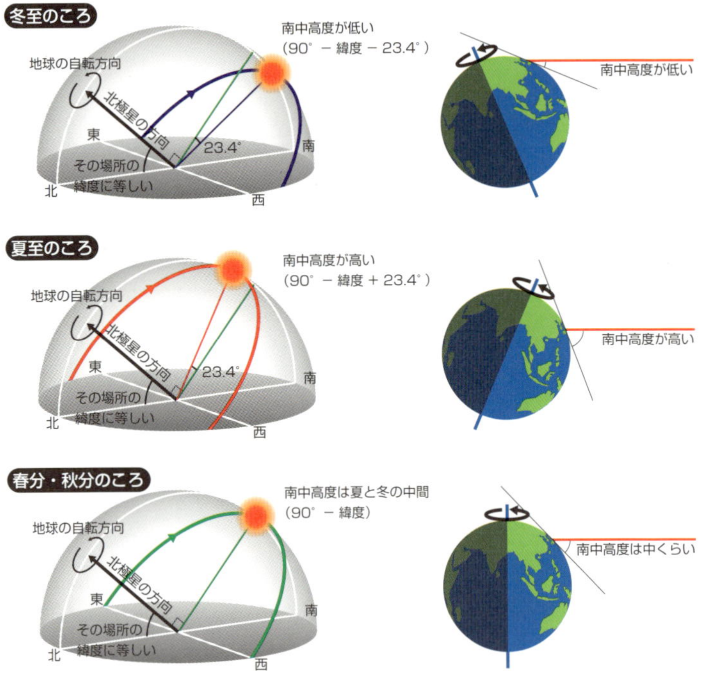

図 1　南中高度の季節変化

コラム 「はるか昔から その②」

南中時には太陽は真南にありますから、その場所から南に動いても、太陽はやはり真南に見えます。つまり、経度《けいど》の同じ地点はいっせいに南中しているわけです。この関係は季節にはよりませんから、南中時刻はいつでも東へ行くほど早くなります。

そのような2地点の南中高度の差は両地点の緯度の差に等しくなります。エラトステネスは紀元前3世紀ごろ、南中高度の差と2地点の距離《きょり》から、地球の大きさを求めることに成功しました。

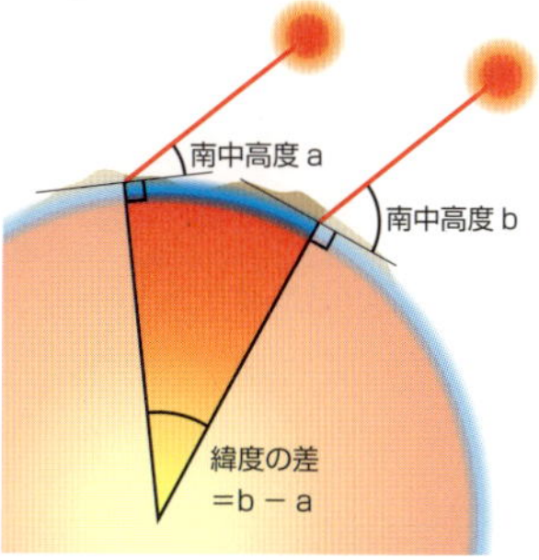

また、南方に行くにつれて南中高度はしだいに高くなり、いずれ太陽は頭上を越《こ》して北の方角に見えるようになります。つまり、南中とは日本付近でこそ使える言葉であって、一般には正中《せいちゅう》とか子午線通過《しごせんつうか》とかよんでいます。

太陽の動きから真北（方角）を決める

南中時刻がわかり、時計を持っていれば、その時刻に太陽の見られる方角が真南だとわかります。アナログ時計の短針《たんしん》を太陽のほうに向けると、短針と 12 時の真ん中の方向がだいたい南をさしているというのを聞いたことがある人もいるでしょう。もちろん方位磁石《ほういじしゃく》や北極星でも、方角は調べられます※。しかし、それらがわからなくとも、太陽の動きだけで方位を調べることができるのです（図 2）。

※ 磁石の示す方向（磁北《じほく》）は真北ではなく、日本付近では西に7度ほどずれています。また、北極星も厳密《げんみつ》には真北になく、長い時間をかけてずれていくことが知られています。詳しくは 84 ページ「地磁気」を参照。

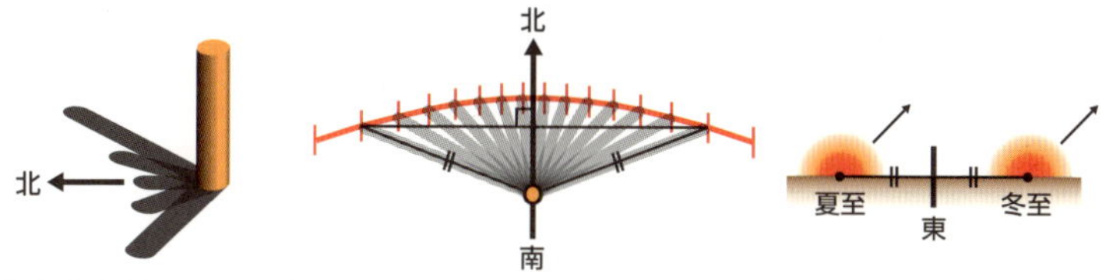

①影の長さが最も短くなるときが南中時であり、そのときに影の示す方向が真北となる。ただし、この前後の影の長さはあまり変化しないので、正確に求めるのは難しい。

②影の長さが同じになったときの影の先端を結び、それに垂直な線を引くと南北がわかる。

③日の出入りからも方位を知ることができる。この場合、日の出が最も北寄りになるときの方向と最も南寄りになるときの方向の中間が東になる。

図 2　太陽の動きから真北（方角）を決める

棒を垂直に立て、一定時間ごとに影の先端に印をつけると、影の軌跡が得られます。季節によって、その軌跡がどのように変化するかを調べてみましょう。

南中時刻の季節変化

太陽が南中して次に南中するまでのリズムが1日という時間の起源《きげん》ですが、太陽の動き（本当は地球が動いているわけですが）は、それほど単純ではありません。実際、南中時刻は季節により30分程度の幅《はば》で複雑に変化します（図3）。

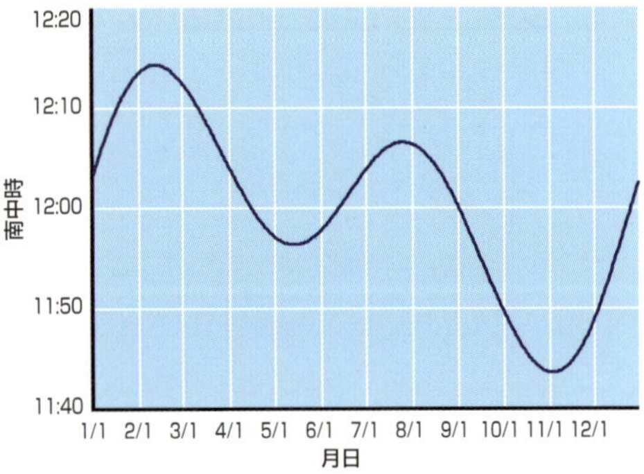

図3　南中時刻の季節変化（北緯35度、東経135度）

このように複雑な変化をする理由については、ちょっと難しくなりますが、右ページをご覧ください。

日の出入りが最も早い（おそい）日

図4の青線は北緯《ほくい》35度、東経《とうけい》135度の地点における日の入り時刻をグラフにしたものです。

夏至の日には太陽は最も高い通り道を動いていくので、日の入りもいちばんおそくなると思われがちですが、そうはなっていませんね。逆に日の入りがいちばん早い日も冬至の日より前になっています。いったいなぜでしょう？

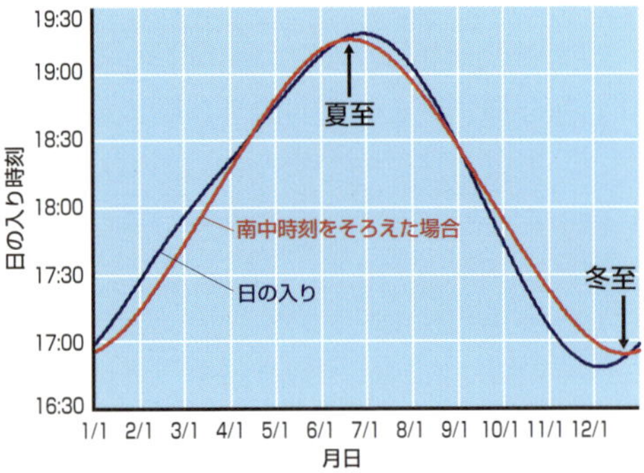

図4　日の入り時刻の季節変化（北緯35度、東経135度）

このグラフからは、春に比べて秋のほうが日の入り時刻の変化が激しいこともわかりますね。赤線のグラフは対称的ですから、これも南中時刻の季節変化が原因となっているわけです。

これは日の入りは太陽の通り道の変化だけでなく、南中時刻の季節変化にも影響を受けているからなのです。南中時のおくれ（進み）の分だけ日の入りの時刻もおくらせて（進ませて）そろえてやると、上の図の赤線のように、みごとに夏至・冬至をピークとした対称的なグラフになってくれます。

南中時刻が複雑に変化する理由（かなり上級者向け）

太陽が 1 日に 1 回南中するのは、地球が自転をしているのがおもな理由です。しかし、地球は太陽のまわりを公転しているので、ちょうど 360° 自転したときには太陽は同じ方向におらず、地球が動いた分だけ余計に自転しないと南中になりません（下図）。

この「余計に自転しなければならない量」が一定ならば南中時も変化しないのですが、実際には 2 つの理由によって大きく変化します。1 つは地球がケプラー運動（→ 30、33 ページ）をしていること、もう 1 つは地球の自転軸が公転面に対して傾《かたむ》いていることです。

ケプラー運動による効果

地球が公転により動いた分だけ、360 度よりも余分に自転しないと南中しません。

ケプラーの第 2 法則により、太陽に近いときには地球は速く動きます。このため、南中から南中までの間隔は長くなり、南中時刻はだんだん遅くなります。

逆に、太陽から遠いときには遅く動くので、南中の間隔が短くなり、したがって、南中時刻は早くなっていきます。

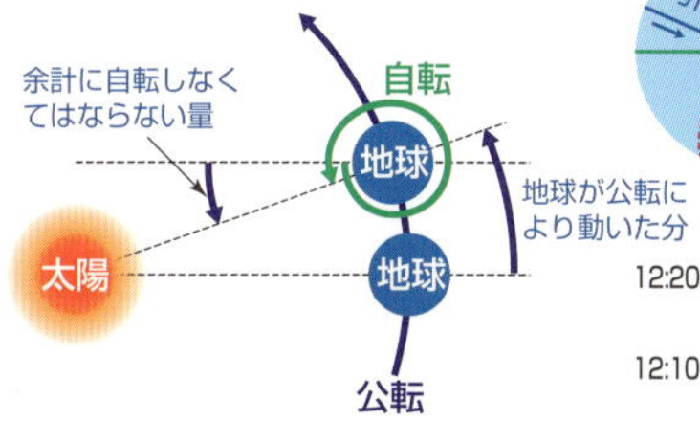

自転軸の傾きによる効果

春や秋は公転面に対して傾いた向きに自転しているため、余計に自転しなければならない量は小さくて済み、南中時刻は早くなっていきます。

夏や冬は公転面に対してほぼ平行に自転しているため、余計に自転しなければならない量は大きくなり、南中時刻はおそくなっていきます。

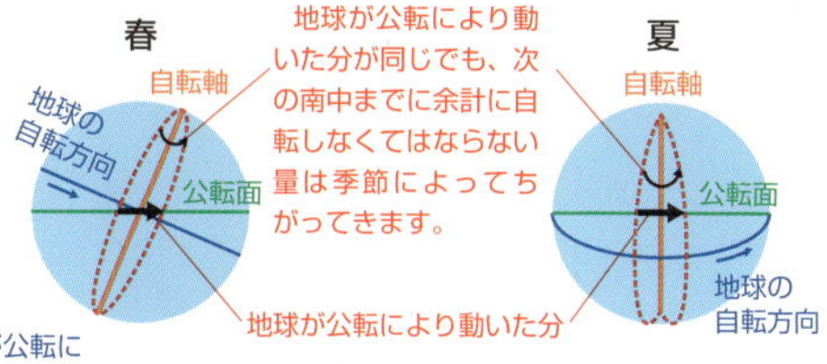

地球が一定の速さで公転し、自転軸が公転面に垂直な場合には南中時は常に 12 時となります。このグラフはそれぞれの効果のみを加えた場合の南中時を示しています（**北緯 35 度、東経 135 度**）。

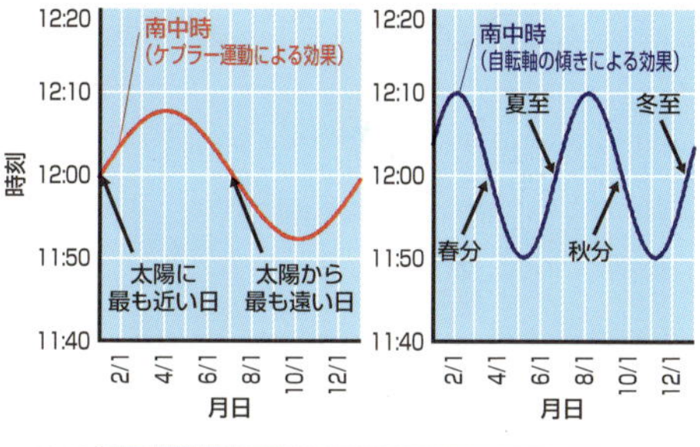

南中時の変化

以上の 2 つの効果を合わせたものが実際の南中時刻の変化となります。とても複雑な変化をしていますね。

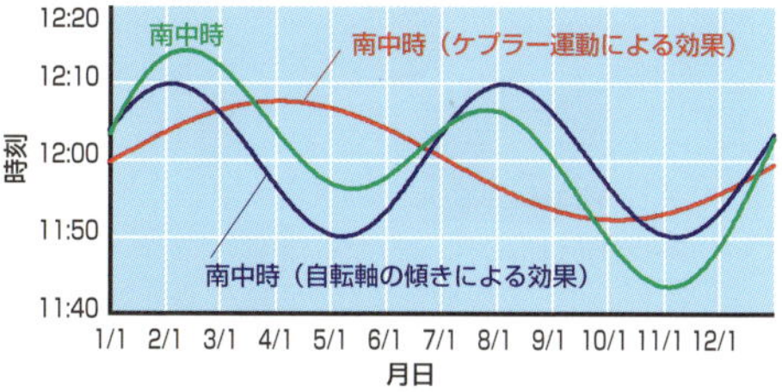

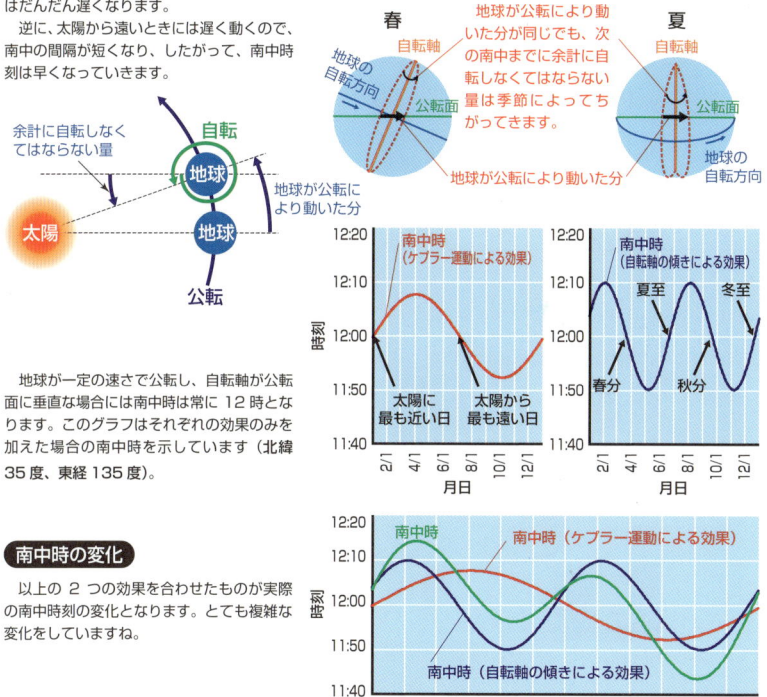

4 月齢《げつれい》／月の出／月の入り／南中

—月の満ち欠けはなぜ起こるの？—

月を観察していると、同じ時刻でも日によって位置や形が変わっていくのがわかります。このような変化がどうして起こるのか、それと月の出入りの時刻はどのように関係しているのかについて考えてみましょう。

月の満ち欠け

月は約 30 日の周期で満ち欠けします。月が太陽と同じ方向にあって地球からは光っている部分が見えないときを朔《さく》（新月）、太陽から東に 90°はなれて西側の半分（真南に来たときの右半分）が光って半月に見えるときを上弦《じょうげん》、太陽とは反対方向に来て真ん丸に光って見えるときを望《ぼう》（満月）、太陽から西に 90°はなれて東側の半分（真南に来たときの左半分）が光って半月に見えるときを下弦《かげん》といいます（図 1）。

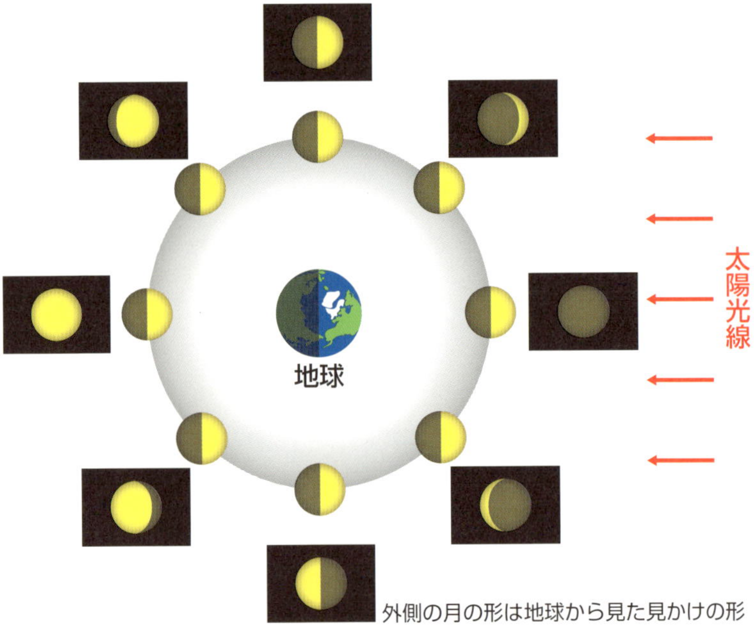

外側の月の形は地球から見た見かけの形

図 1　月の満ち欠け

朔から次の朔までの周期の約 30 日は、もう少し正確にいうと、平均 29.53 日です。これを朔望月《さくぼうげつ》といいます。ただし、実際には月の軌道《きどう》が楕円《だえん》であり、また太陽などの引力の影響でさらに複雑な運動をしていることから、実際の周期は 29.27 日から 29.83 日まで変化します。

月は地球のまわりを約 27.32 日の周期で公転しています。これを恒《こう》星月《せいげつ》といいます。朔望月が恒星月より長いのは、地球が太陽のまわりを公転しているためです（図 2）。なお、朔望月や恒星月の正確な日数は『理科年表』天文部の「月」のページに掲載されています。

月齢とは？

朔から経過した時間を日の小数で表したものを月齢といいます。月齢は月の満ち欠けを知る目安になります。朔はもちろん月齢 0.0 ですが、上弦では月齢が平均 7.4、望は平均 14.8、下弦は平均 22.1 です。ただし、地球のまわりの月の速度は一定でないことから、実際の月齢は少し異《こと》なることがあり、たとえば、望の月齢は 13.9 から 15.6 まで変化します。とはいえ、たとえば月齢が 15 前後であれば、月はほぼ真ん丸に見え、月齢が 7 前後であれば、ほぼ半月（上弦《じょうげん》）であり、月齢が 10 前後であれば、半月よりふくらんで見えるがまだ満月にはなってい

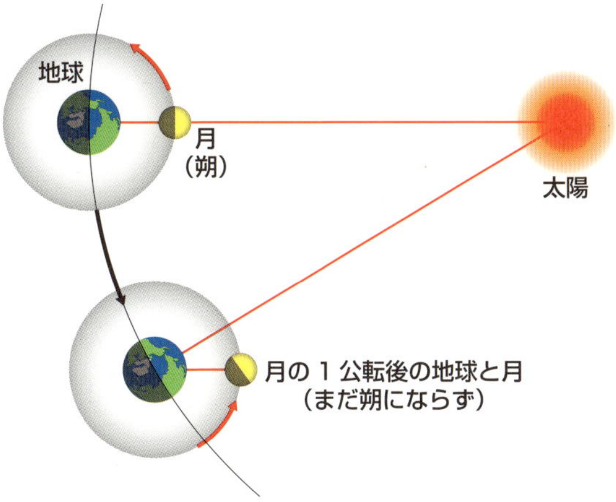

図 2　月の1公転間の地球と月の動き

ない、などということがわかります。月齢は『理科年表』暦部の月のこよみに毎日の値が掲載《けいさい》されています。

明治時代に現在の太陽《たいよう》暦が採用される前は月の満ち欠けを基準にしてこよみがつくられました。これは新月《しんげつ》の日を 1 日とし、次に新月になる日の前日までを 1 ヵ月とするものです。三日月とよばれるのはこのこよみで 3 日の日に見られる月のことで、夕方の西の空に細く光って見えます。

月の出入りと南中

日の出入りは太陽の上側が地《ち》平線《へいせん》に接するときですが、月の出入りは月の中心 (欠けた部分もふくめる) が地平線に一致したときです(図 3)。

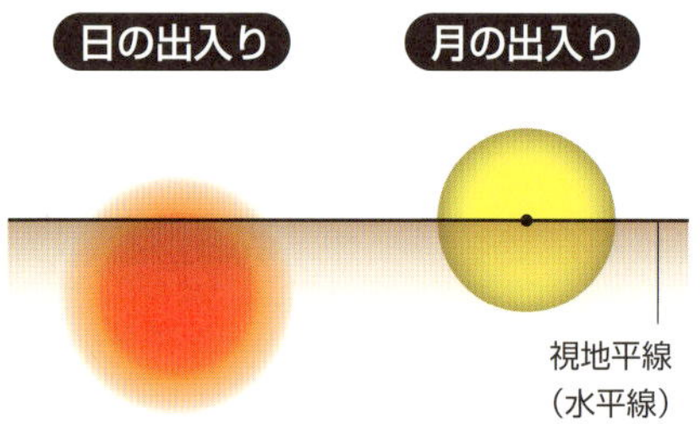

図 3　日の出入りと月の出入り

月の出入りや南中《なんちゅう》の時刻は月の満ち欠けと関係しています。朔のときは太陽とほぼ同時に昇《のぼ》り、ほぼ同時に沈《しず》みます。上弦のときは日の入りのころに南中し、真夜中に沈みます。望のときは日の入りのころに昇り、真夜中に南中し、日の出のころに沈みます。下弦のときは真夜中に昇り、日の出のころに南中します。これらのことは、太陽と月の位置関係を考えれば容易に理解できるでしょう。

月の出入りや南中の時刻は 1 日に平均して約 50 分ずつおくれます。このため、月の出入りや南中が起こらない日が存在します。たとえば、『理科年表』の暦部には 2010 年 9 月 3 日～ 5 日の東京における月の出・南中・入りの時刻が表 1 のように掲載されています。

表 1 には 9 月 4 日の月の出の時刻がありませんが、これはこの日に月が見られないという意味ではありません。9 月 3 日 23 時 59 分に

表1　2010年9月3日〜5日の月の出・南中・入り

日付	月の出	南中	月の入
3日	23時59分	6時30分	14時　1分
4日	一時　一分	7時28分	14時53分
5日	1時　7分	8時27分	15時38分

出た月は4日7時28分に南中し、14時53分に沈みます。つまり、4日はその日の初めから地平線の上に月が見えているわけです。そのつぎに月の出が起こるのは4日の夜中を過ぎた5日1時7分になります。3日の月の出から5日の月の出までの時間は25時間8分になっています。ここまでの説明でわかったと思いますが、3日の月の南中の6時30分と入りの14時1分は、3日23時59分に出た月が翌4日に南中し、そして入る時刻ではありません。出の時刻が左に書いてありますが、3日は南中や入りのほうが出よりも先に起こるのです。

コラム　『十五夜と満月』

十五夜は新月から数えて15日目の夜のことです。中秋の名月も十五夜の月の1つです。

十五夜の月は満月 (望) に近い形をしていますが、必ずしも十五夜が満月の日になるとは限りません。十五夜は新月から数えて丸14日しか経っていないことになるというのが、そのおもな理由です。

たとえば、2010年の中秋の名月は9月22日ですが、その月の満月は9月23日の夜で、このときの十五夜は満月の1日前になっています。

満月は十五夜かその翌日になることが多いですが、ときには十五夜の翌々日になることもあります。また、本文中に書いたように、月齢が13.9で満月になることがあることから、満月が十五夜の前日になることもまれにあります。実際、1942年9月のときは、満月が24日、中秋の名月が25日で、満月が十五夜の前日に起こっていました。

5 日食《にっしょく》／月食《げっしょく》

—日食と月食はなぜ毎月起こらないの？—

日食は新月《しんげつ》のときに、月食は満月のときに起こります。新月や満月の周期は約 1 ヵ月ですが、日食や月食は毎月起こるわけではなく、起こる時期はほぼ半年ごとにやってきます。その理由などを考えてみましょう。

日食とは？

日食は太陽が月にかくされて欠けて見える現象です。影には本影《ほんえい》と半《はん》影《えい》があり、観測者《かんそくしゃ》が月の半影の中に入ると太陽の一部が月にかくされる部分日食が、本影の中に入ると太陽の全体が月にかくされる皆既《かいき》日食が見られます。また，観測者が本影の延長部分に入ると、月が見かけ上、太陽の中にすっぽりと入って太陽が環状《かんじょう》に光って見える金環《きんかん》日食になります（図 1）。太陽の直径は月の直径の約 400 倍ありますが、地球からの距離《きょり》も太陽が月の約 400 倍であるため、太陽と月の見かけの大きさは、だいたい同じです。太陽も月も地球からの距離がときにより若干《じゃっかん》変化し、とくに月までの距離の変化が大きいので、月が地球に近いときに太陽・月・地球が一直線に並ぶと皆既日食、月が遠いときに並ぶと金環日食になります。皆既日食のときは太陽のまわりにコロナやプロミネンスが見られ、周囲は暗くなって、惑星《わくせい》や 1 等星などが見られるようになります。

皆既日食や金環日食が見られる場所は細い帯状の地域になり、皆既日

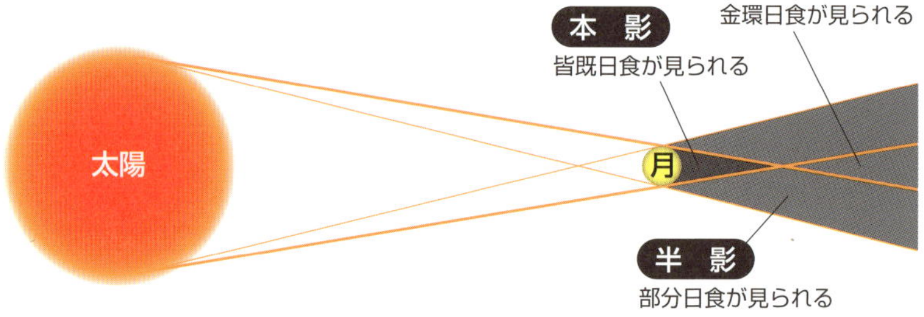

図 1　本影・半影

食では帯の中央付近（通常、現地時刻の正午ごろに日食を見る地域）で幅《はば》が広くなるのに対して、金環日食では逆に帯の端付近（日の出や日の入りのころに日食を見る地域）で幅が広くなります。まれには、帯の中央付近で皆既日食、端で金環日食になる場合があり、この日食を金環皆既日食といいます。

月食とは？

月食は月が地球の本影に入るときに見られます。月の距離では地球の影の直径が月の直径の約 3 倍あるので、月の一部が本影に入る部分月食と月の全体が本影に入る皆既月食に分けられます（図 2）。月が地球の半影に入る半影月食という現象もありますが、このときは、月が若干暗くなるだけで、肉眼《にくがん》で見ていても、月食であるというはっきりとした現象は見られません。

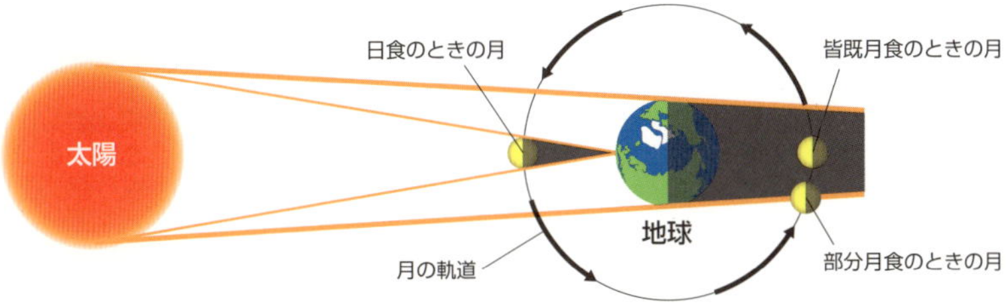

図 2　日食・月食のときの地球と月の位置

日食と月食はいつ起こる？

日食は新月のときに、月食は満月のときに起こります。新月や満月はほぼ 1 ヵ月ごとに起こりますが、日食や月食は毎月起こるわけではありません。それは、月の軌道面《きどうめん》が、地球の太陽のまわりを回る軌道面に対して約 5° 傾いているためです。新月でも月が太陽の上か下を通ったり、満月でも月が太陽の正反対の場所の上か下を通ってしまったりして、日食や月食に

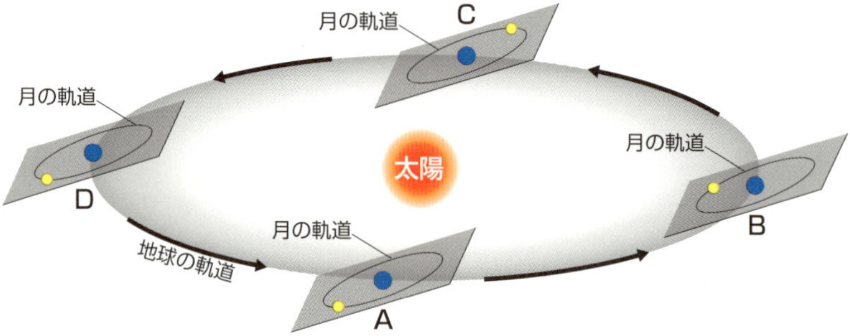

図 3　地球と月の軌道

ならないことが多いのです（図 3 のBとDなど）。

『理科年表』の天文部には、近年の日食と月食の日時が掲載《けいさい》されています。その一部の、2010 年から 2018 年までに起こるものの日付と食の種類を 21 ページの表 1 に示します。ただし、これは地球全体について起こるもので、日本で見られるかどうかは考慮《こうりょ》していません。日本で見られるかどうか、また見られる場合はどのように見えるのかについては、『理科年表』の暦部に、その年に起こる現象について掲載されています。

この表を見て気づくことは、日食がだいたい半年ごとに起こっているということです。これは図 3 で、地球がAとCにいるころに新月になるときに日食が起こるためです。そして、その日食が起こる時期は年とともに早くなっていますが、これは、月の軌道面が、地球の軌道面に対する傾斜角《けいしゃかく》の約 5° を一定に保ったまま、徐々《じょじょ》にその向きを変えるためです。また、月食の日の半月前と後のどちらかには必ず日食が起こっていて、原則として、部分月食と半月ちがいの日食は皆既日食か金環日食に、また、皆既月食と半月ちがいの日食は部分日食になります（例外は 2014 年 4 月 29 日の金環日食と 2015 年 4 月 4 日の皆既月食で、これらは、わずかの差で金環日食や皆既月食になったものです）。この理由も図 2 をもとに考えれば理解できるでしょう。

表1　日食と月食の起こる日付と食の種類

日　食		月　食	
年月日	種類	年月日	種類
		2010年1月　1日	部分
2010年　1月15日	金環		
		6月26日	部分
7月12日	皆既		
		12月21日	皆既
2011年　1月　4日	部分		
6月　2日	部分		
		2011年　6月16日	皆既
7月　1日	部分		
11月25日	部分		
		12月10日	皆既
2012年　5月21日	金環		
		2012年　6月　4日	部分
11月14日	皆既		
		2013年　4月26日	部分
2013年　5月10日	金環		
11月　3日	金環皆既		
		2014年　4月15日	皆既
2014年　4月29日	金環		
		10月　8日	皆既
10月24日	部分		
2015年　3月20日	皆既		
		2015年　4月　4日	皆既
9月13日	部分		
		9月28日	皆既
2016年　3月　9日	皆既		
9月　1日	金環		
2017年　2月26日	金環		
		2017年　8月　8日	部分
8月22日	皆既		
		2018年　1月31日	皆既
2018年　2月16日	部分		
7月13日	部分		
		7月28日	皆既
8月11日	部分		

理科年表　暦部　「日食」「月食」、天文部　「近時の日食」「近時の月食」

6 満潮《まんちょう》と干潮《かんちょう》

―潮の満《み》ち干《ひ》きはなぜ起こるの？―

海岸にいると海水面が周期的に上下しているのがわかります。上下する時刻が日によって変わるだけでなく、上下の量も日によって変わっています。このような変化はどうして起こるのでしょうか？

潮汐《ちょうせき》の起こる理由

海面の高さは月と太陽の引力の影響で日々変化しています。これを潮汐といいます。

まず月の引力の影響を考えましょう。地球の各点に働く月の引力の大きさは、月に近いところほど大きく、遠いところほど小さいです（図 1）。これらの力の平均は地球中心に働く力に等しいですが、これは、地球を地球・月の重心のまわりに公転させる力になります。潮汐を及ぼす力を求めるためには、地球各点に働く力からこの公転に使われる力を差し引く必要があります。その結果、月に面した地点では月に向かう力が働き、反対に、月の反対側の地点では、月とは反対の向きに力が働くことにな

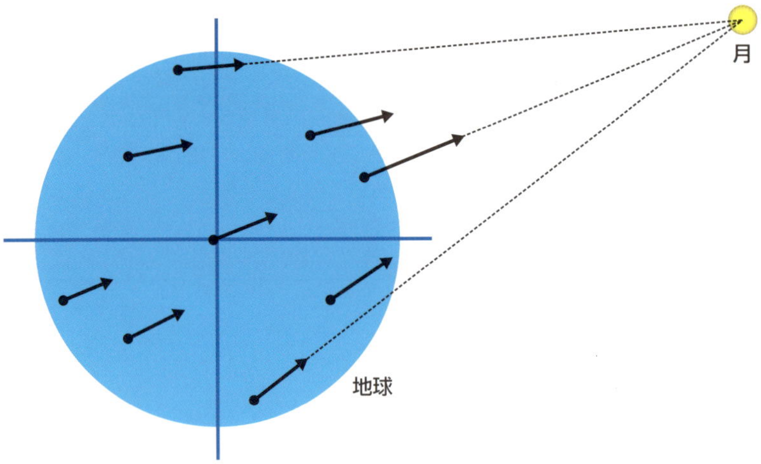

図 1　地球の各点に働く月の引力

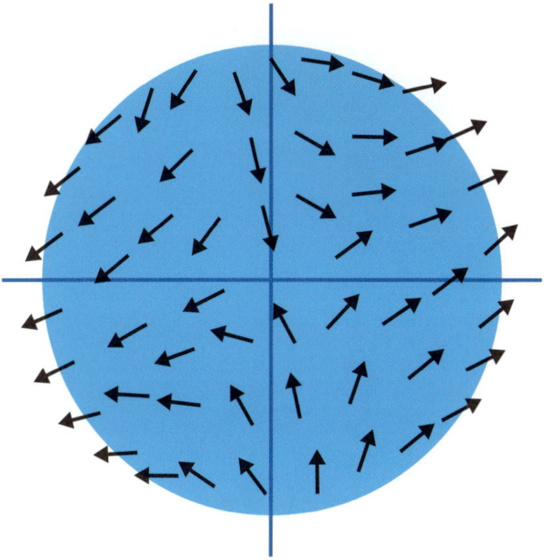

図 2　月の引力による潮汐力

ります（図 2）。このいずれの地点でも海面が高くなるわけです。これが満潮《まんちょう》です。そこから経度《けいど》で 90° はなれた場所では反対に海面が低く、干潮《かんちょう》になります。

潮汐の周期

地球は 1 日周期で自転しています。しかし月も地球のまわりを公転していますから、月の南中から次の南中までは平均 24 時間 50 分かかります。そのため、満潮・干潮の起こる周期は平均して、その半分の 12 時間 25 分になるのです。

実際の満潮は、摩擦《まさつ》の影響でふつうは月のある方向より数十度おくれます（図 3）。つまり、満潮は月の南中《なんちゅう》時刻より数時間おくれるのです。そのおくれの量は場所によっても日によっても変化します。

太陽の引力も同様の作用を及ぼすのですが、その大きさは月の引力の作用の約半分です。

『理科年表』の暦部には、東京における毎日の満潮と干潮の時刻が書かれています。月は日周運動で東から西に動いて見えるため、満潮や干

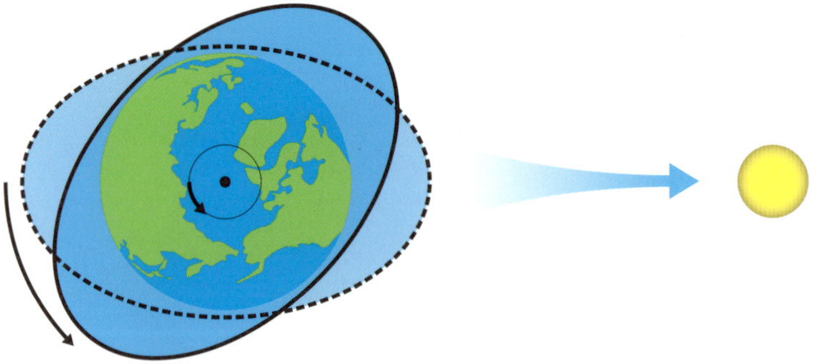

図３　地球・月・海水の模式図

月の引力により地球の海水は破線のようになろうとするが、地球は矢印の向きに自転しているため、海水が地球に引きずられ、実線の位置でつりあう。そのため、海水と地面の間で摩擦が生じる。その摩擦により、地球の自転がおそくなる。

潮の時刻は東に行くほど早くなります。経度の 15° がほぼ 1 時間に対応しますが、実際には湾岸《わんがん》の形状や海流など、さまざまな要因により、その差は単純に経度の差だけでは求められません。日本各地における満潮・干潮の時刻と東京における時刻との差も、その平均的な値が『理科年表』の暦部に掲載されています。たとえば、北海道の室蘭《むろらん》の満潮・干潮は東京より 1 時間 50 分早く、九州の鹿児島では 2 時間 20 分おそくに起こります。ただし、これは平均値で、日によって誤差《ごさ》がかなり大きくなることがあり、注意する必要があります。全国の潮汐の正確な推《すい》算《さん》値は、海上保安庁海洋情報部のウェブサイトなどで知ることができます。

月の形と潮汐

新月と満月のときは、月と太陽の力が重なって干満《かんまん》の差が大きくなります。これを大潮《おおしお》といいます。反対に上弦《じょうげん》や下弦《かげん》のころは干満の差が小さく、小潮《こしお》になります。大潮と小潮の間の期間は中潮《なかしお》といいます。また、小潮の末期で干満の差がいちだんと小さくなり、満潮・干潮の変化がゆるやかで、同じ潮の状態がだらだらと長く続くように見える状態を長《なが》潮《しお》、長潮から大潮に向かって潮の干満差がしだいに大きくなっていく状態を若潮《わかしお》といいます。半月周期で、大潮、中潮、小潮、長潮、若潮、中潮の順にくり返すのです。

地球の自転がおそくなる

上で、地球の海水は月のある方向から、一定の角度ずれた方向にふくらんでいることを説明しました。この海水と地面との間に働く摩擦の影響で、地球の自転周期は徐々におそくなっています。その割合は数万年で 1 秒ですが、地球の自転角には、その効果が蓄積《ちくせき》され、何年かに 1 度 1 秒を挿入《そうにゅう》する「うるう秒」として日常生活に影響しています。地球の自転の角運動量《かくうんどうりょう》が減少している一方で、月はその分、角運動量が増加し、1 年あたり 3.8 cm の割合で地球から遠ざかっているのです。

コラム　「角運動量」

質量 m の物体がある点のまわりを半径 r、速度 v で運動しているとき、それらをかけ合わせたmrvをその物体の角運動量といいます。外から力が働かないとき、角運動量の総和は一定に保たれるという物理法則があります。これを角運動量保存の法則といいます。

海水と地面との間に働く摩擦のために地球の自転の速さが徐々に遅くなっていることを本文で述べました。そのために地球の自転の角運動量が減少しているのですが、これを引き起こしているのは、月の引力です。

そして、地球自転と月の公転に関しては、地球と月の間に働く引力を考えれば十分で、ほかから受ける力の影響は無視できます。つまり、地球の自転の角運動量と月の公転の角運動量の総和は一定になります。そのため、月の公転の角運動量は増加し、月は地球から徐々に離れているのです。この状況は地球の自転と月の公転が同期する（周期が一致して地球の同じ場所からしか月が見られなくなる） まで続き、そのときの地球の自転周期は47日、月までの距離は現在の約1.4倍の55万 kmになることが、角運動量保存の法則から導かれます。

7 太陽とエネルギー

—太陽はどうやって輝《かがや》いているの？—

太陽は、直径が地球の 109 倍、質量が地球の 33 万倍もありますが、宇宙の中ではごくごく平均的な恒星の 1 つです。太陽のような恒星はどのようにしてその膨大《ぼうだい》なエネルギーを内部でつくり出しているのでしょうか。

太陽はいま 46 億歳。あと 50 億年程度は輝き続けることでしょう。

水素の核融合反応が太陽のエネルギー源

太陽のエネルギー源は水素の核融合反応です。太陽の中心部分は 1600 万 K（K は絶対温度の単位で、ケルビンと読む。絶対温度 0K とはすべての物質の熱運動が止まった状態。0K = − 273℃）、2400 億気圧をこえています。水素の核融合反応とは水素と水素が合体してヘリウムになる反応のことで、このとき、もとの水素の質量と、反応後のヘリウムの質量とのわずかな差分の質量がエネルギーに変化します。

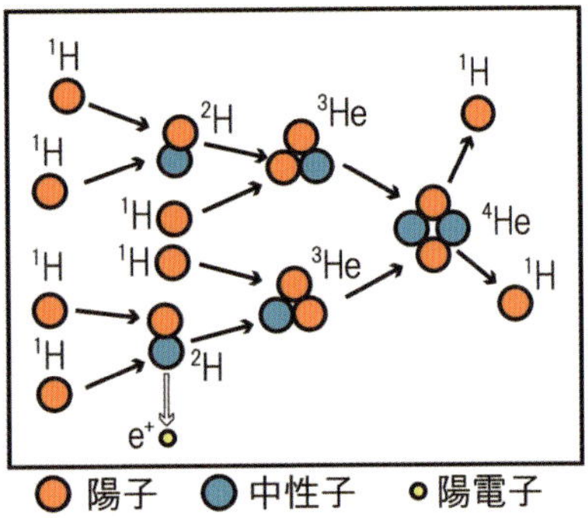

図 1　水素核融合反応

この反応によって太陽の内部は 1000 万 K 以上に達しています。よく太陽は「燃えている」と表現されることがあります。しかし、地上での燃焼反応とは酸素を用いた化学反応のことで生成前と生成後の質量は同じですが、太陽の中心部分ではこれとはまったく異なるメカニズムで「燃えている」のです。

核融合反応ってなんだろう？

図 1 のように 4 つの水素原子核が 1 つのヘリウム原子核に変わる反応が、水素の核融合反応です。この反応の前後でわずかながら質量が失われています。アインシュタインの相対性理論《そうたいせいりろん》によると、エネルギーは

質量《しつりょう》と等価であり、核融合反応で生成されるエネルギー（E）は、反応で失われた質量（m）との間に、$E = mc^2$ という関係が成り立ちます。ここで c は真空中の光速のことで、約 30 万 km/s です。m がわずかでも c^2 が大きいため結果として、太陽の中心核では莫大《ばくだい》なエネルギーを毎秒つくり出しています。

1 グラム（1 円玉の質量）の水素がヘリウムに変わるとき、1000 トンの水が一瞬で沸《ふっ》とうしてしまうのに等しいエネルギーが、水素の核融合反応で生じます。太陽では、毎秒 5 億 5000 万トンもの水素が核融合反応で消費されているので、そのエネルギーがいかに莫大《ばくだい》かが想像できますね。

ただし、太陽は地球だけにではなくて、あらゆる方向にエネルギーを放出しており、また、地球は太陽からおよそ 1 億 5000 万 km も離

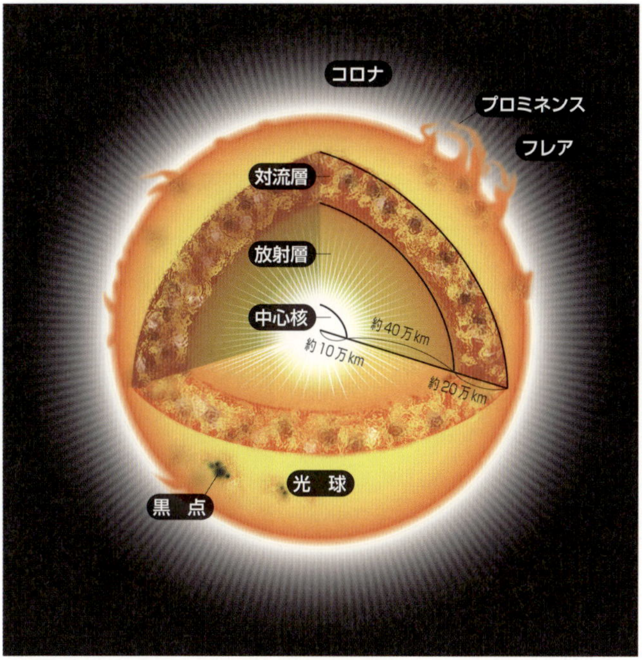

図 2　太陽の構造

中心核は幅《はば》 10 万 km 程度、放射層《ほうしゃそう》は約 40 万 km。対流層《たいりゅうそう》は 20 万 km 程度の厚さで、熱を対流によって表面（光球《こうきゅう》）に運んでいる。

れているので、地球が受け取っているエネルギーは、太陽で生じている全エネルギーのわずか 20 億分の 1 にすぎません。

皆既日食《かいきにっしょく》と「コロナ」

コロナは真珠《しんじゅ》色に輝く太陽の高層《こうそう》大気《たいき》で皆既日食のときに見ることができます（図 3）。太陽表面（光球）の温度が 6000K 程度なのにコロナの温度は 100 万 K 以上もあります。なぜコロナが高温なのかは、太陽研究者たちの最大の関心事の 1 つです。光球とコロナの間には彩層《さいそう》とよばれている低温層があり、そこからプロミネンス（紅炎《こうえん》）とよばれる現象が生じています。

図 3　皆既日食時のコロナ
（撮影：福島秀雄）

地球より実際は大きい「黒点《こくてん》」

望遠鏡で光球を観察すると、簡単に黒点を見つけることができます。黒点は温度が 4400 K 程度と光球面より温度が低いため、まわりより暗く見えるのです（図 4）。よく見ると、うすい「半暗部」と暗い「暗部」という構造がわかります。また、東西に 2 つ並んだ黒点もよく見られます。これは、黒点が太陽表面の磁《じ》場《ば》によって形成されているためで、一方が N 極、そのとなりの黒点が S 極となっています。黒点は、太陽表面の磁場のねじれが、内部からの熱の対流を押さえつけているため、そこだけ温度が下がっているのです。

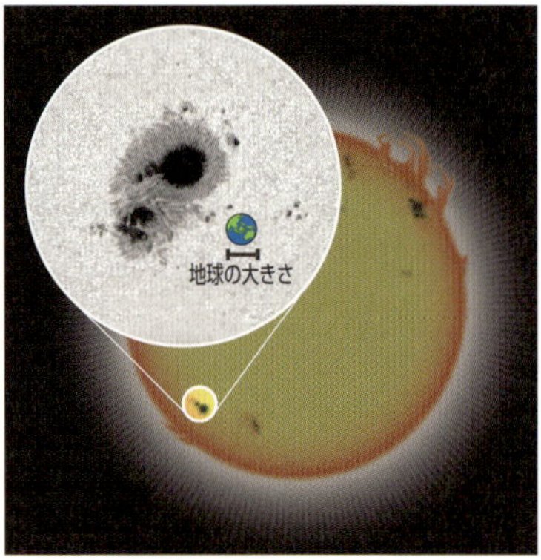

図 4　太陽黒点と地球の大きさくらべ
（提供：国立天文台ひので科学プロジェクト）

太陽の活動周期

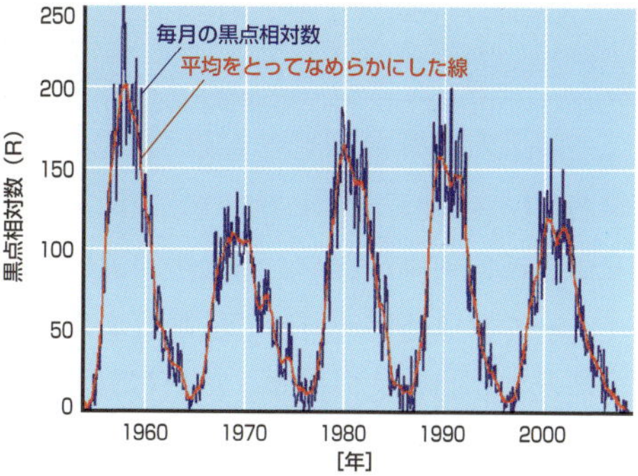

図 5　黒点相対数（R）の変化

太陽活動の指標《しひょう》としては、黒点相対数（R）が古くから使われています。$R = k(10g + f)$ なる式で計算され、g は黒点群の数、f は観測した黒点の総数、k は観測機器や観測者の違いによって生じる係数です。黒点は図 5 のようにほぼ 11 年の周期で増減をくり返しています。極小《きょくしょう》期《き》には黒点がまったく見られない日も続きます。

一方、極大《きょくだい》期《き》には黒点数が増えるのみならずフレアとよばれる光球近くでの爆発現象も多発します。コロナも 11 年周期にあわせて大きさや形が変化します。

フレアの発生と地球への影響

太陽表面（光球）近くでの爆発現象がフレアです（図 6）。黒点の上空で磁力線《じりょくせん》のつなぎかえが起こり、このときエネルギーが解放されて輝くと考えられています。フレアが発生すると、強大な太陽風《たいようふう》が地球にまで到達します（フレアの地球への影響については 88 ページの「地磁気は地球のバリア」を参照）。フレアの予報＝太陽風予報は、これからの宇宙時代に必要不可欠な研究テーマです。

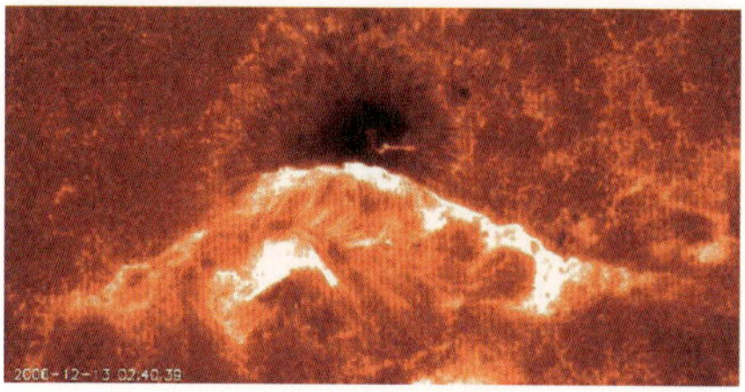

図 6　フレアの様子

（提供：国立天文台ひので科学プロジェクト）

理科年表　天文部　「太陽黒点の分類」「最近の大きなフレア」「太陽面諸現象」

8 惑星《わくせい》の運動と太陽系のすがた

—冥王星《めいおうせい》なぜ惑星ではなくなったの？—

太陽系内の惑星は最近まで、「水・金・地・火・木・土・天・海・冥《めい》」の９つとされてきました。ところが、近年、冥王星に似たエリスやマケマケなどの天体が次々と海王星《かいおうせい》軌道《きどう》の外側で見つかり、私たちの太陽系のイメージははるか彼方《かなた》まで広がりました。太陽系全体の広がりはおよそ１光年ともいわれています。私たちの太陽系にはどのような天体があり、どのような運動をしているのでしょうか。

太陽系天体の分類表とおもな天体のデータ

惑星のまわりを公転している衛星《えいせい》をのぞく、太陽系の天体はすべて太陽のまわりを公転しています。それらの天体の軌道は形と大きさはさまざまですが、太陽を１つの焦点とする楕円《だえん》軌道（注：彗星《すいせい》の中には放《ほう》物線《ぶつせん》軌道や双曲線《そうきょくせん》軌道のものもあります）であることがわかります（ケプラーの第１法則）。

個々の天体に注目すると、太陽に最も近づく近日点《きんじつてん》では最も速く移動し、最も遠ざかる遠日点《えんじつてん》では最もおそく運動しています（ケプラーの第２法則）。これは、太陽からの重力とつりあう遠心力《えんしんりょく》を考えると、太陽

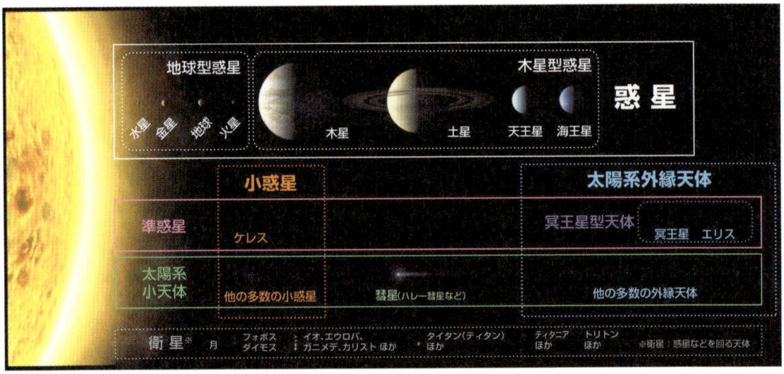

図１　太陽系天体の分類

（提供：日本学術会議 太陽系天体の名称等に関する検討小委員会・（株）アストロアーツ）

に近いと速く、遠いとゆっくり運動する必要があることに気づくことでしょう。

太陽のまわりを公転している天体は、太陽に近い天体ほど速く公転し、遠い天体ほどおそく公転しているので、太陽からの距離と公転周期には

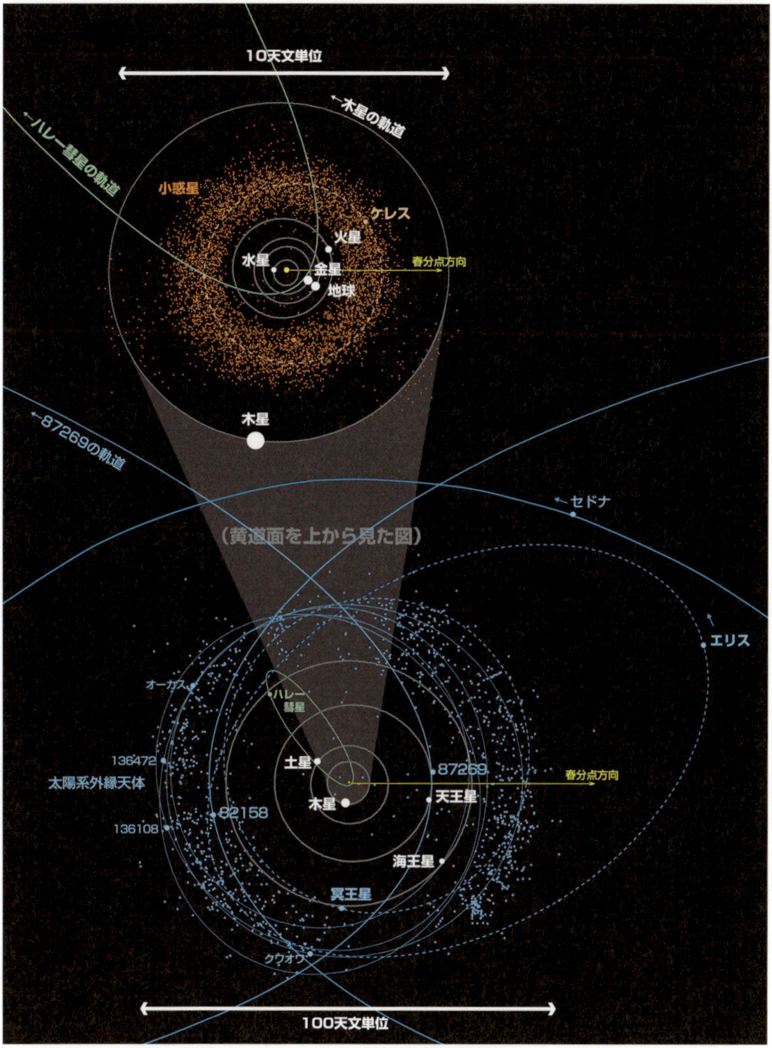

図２　太陽系天体の軌道図

（提供：日本学術会議 太陽系天体の名称等に関する検討小委員会・（株）アストロアーツ）

表 1 に示したように関係があることがわかります（ケプラーの第 3 法則）。

太陽系天体のおもな特徴

太陽：太陽は、自分で光を出して光っている星で、「恒星《こうせい》」という天体の仲間です。

惑星：惑星は、太陽のまわりを回っていて、大きな質量をもち、丸い形をしています。水星、金星、地球、火星、木星、土星、天王星、海王星の 8 つ。

太陽系外縁天体《たいようけいがいえんてんたい》と冥王星型天体：海王星の近くや外側を回っている、氷などでおおわれた小型の天体を太陽系外縁天体とよびます。太陽系外縁天体のうち、直径や質量がある程度大きくて丸い形をしたものを、冥王星型天体（太陽系外縁天体でかつ準惑星《じゅんわくせい》（→ 33 ページ「太陽系の惑星の定義」参照）の天体の総称）とよび、現在、冥王星、エリス、マケマケ、ハウメアと 4 つ見つかっています。

表 1　おもな太陽系天体のデータ

天体名	赤道半径 [km]	質　量 [対地球比]	軌道長半径 [天文単位]	公転周期 [太陽年]	軌道離心率	軌道傾斜角 [度]
太　陽	696000	332946	—	—	—	—
水　星	2440	0.05527	0.3871	0.24085	0.2056	7.004
金　星	6052	0.815	0.7233	0.61521	0.0068	3.395
地　球	6378	1	1	1.00004	0.0167	0.001
火　星	3396	0.1074	1.5237	1.88089	0.0934	1.849
ケレス※1	476	0.00016	2.766	4.6003	0.079	10.6
木　星	71492	317.83	5.2026	11.8622	0.0485	1.303
土　星	60268	95.16	9.5549	29.4578	0.0555	2.489
天王星	25559	14.54	19.2184	84.0223	0.0463	0.773
海王星	24764	17.15	30.1104	164.774	0.009	1.77
冥王星	1195	0.0023	39.719	247.74	0.252	17.145
エリス※2	1200	0.0027	67.960	557.44	0.435	44.2

※1 質量と公転周期は NASA JPL の資料より計算

※2 質量は Mike Brown(Caltech) の発表による。公転周期は NASA JPL の資料より計算

小惑星：小惑星は、主として火星と木星の間に存在し太陽を回っているたくさんの天体で、大きさも成分もさまざまですが、岩石が主体です。

彗星《すいせい》：彗星は「ほうき星」ともよばれ、細かな塵《ちり》（砂粒など）をふくむ氷が主成分の天体です。太陽に近づいて氷が蒸発してガス化して広

がったり、このガスや塵が太陽からの光や粒子に吹き流されて尾をつくることもあります。

衛星：衛星は、自分よりも大きな惑星や小惑星などのまわりを回る天体です。

流星と隕石《いんせき》：太陽のまわりを回っている小さな塵が、地球に飛びこみ、地球大気とのまさつでガスとなって光るのが流星（流れ星）です。大きなかたまりが地球に飛びこむと、大気中で燃えつきずに地表に落ちてくることがあります。これを、隕石とよびます。

太陽系の惑星の定義

国際《こくさい》天文学《てんもんがく》連合《れんごう》（IAU）が 2006 年に決めた太陽系の惑星の定義は、以下の通り。

1）つぎの 3 つの条件を満たす天体を、「惑星」とよぶ。
　(a) 太陽のまわりを回っている
　(b) 質量が大きいため自己の重力で強くまとまり、ほぼ球形になっている
　(c) その軌道の領域でほかの天体を力学的に一掃《いっそう》している
2）上記 (a)、(b) は満たすが (c) を満たさない天体で衛星でないものを、「準惑星」とよぶ。
3）太陽のまわりを回っているほかの天体は「太陽系小天体」とよぶ。

ケプラーの 3 つの法則

ドイツの天文学者、ヨハネス・ケプラーは、惑星の運行について研究を行うなかで、3 つの運動の法則を発見しました。

■ 第 1 法則

惑星は、太陽を 1 つの焦点とする楕円形の軌道で動く。

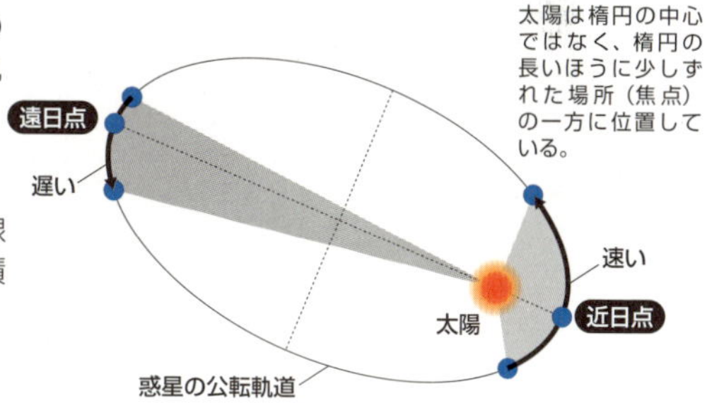
太陽は楕円の中心ではなく、楕円の長いほうに少しずれた場所（焦点）の一方に位置している。
遠日点
遅い
速い
近日点
太陽
惑星の公転軌道

■ 第 2 法則

惑星と太陽を結んだ線が一定時間に描く面積はいつも同じである。（→25 ページも参照）

■ 第 3 法則

惑星から太陽までの平均距離（軌道長半径）の 3 乗は、公転周期の 2 乗に比例する。

9 惑星《わくせい》の構造

―惑星の内部はどうなっているの？ちがいはどうして生じたの？―

惑星は内部の組成によって、地球型惑星・木星型惑星・天王星型惑星に分けられます。水星・金星・地球・火星が地球型惑星、木星・土星が木星型惑星、天王星・海王星が天王星型惑星です。

地球型惑星

地球型惑星はおもに岩石や金属から構成されています。平均密度は木星型惑星や天王星型惑星より大きく、水星・金星・地球・火星の平均密度はそれぞれ水の 5.4、5.2、5.5、3.9 倍です。

地球は平均半径が 6370 km で、その表面は地殻《ちかく》におおわれています。その厚さは大陸域で 20 ～ 50 km、海洋域で 6 km 程度です。地殻の下には、深さ約 2900 km まで、マントルがあります。地殻とマントルはいずれも岩石質ですが、地震波《じしんは》の速度がマントル内のほうが大きく、化学組成が異《こと》なっているのです。マントルの下には深さ約

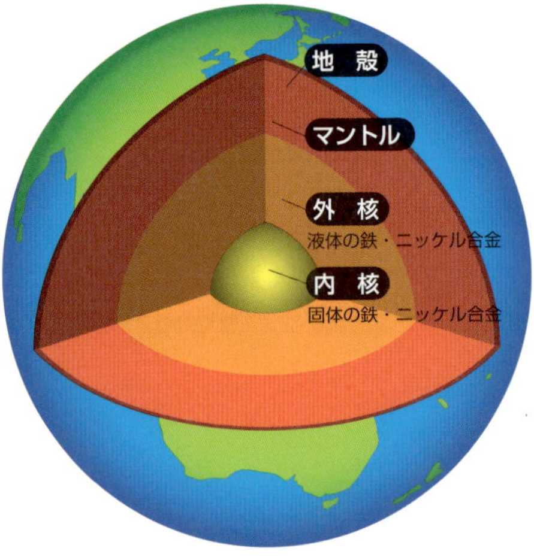

図 1　地球の内部構造

5100 km のところまで、鉄とニッケルの合金が液体の状態で存在する外核《がいかく》があり、それより下は地球中心まで固体の鉄とニッケルの合金でできた内核《ないかく》になっています（図 1）。

図2　地　球
（提供：NASA）

水星・金星・火星の内部構造は地球とほぼ同じように、地殻・マントル・核からなっています。ただし、水星には液体の外核がなく、半径 2440 km に対して、深さ約 600 km のところまで鉄とニッケルの合金でできた核があります。

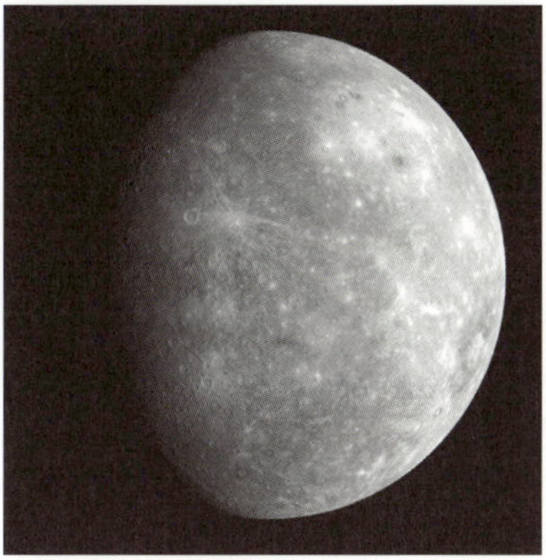

図3　水　星
（提供：NASA/Johns Hopkins University Applied Physics Laboratory/Carnegie Institution of Washington）

図4　金　星
（提供：NASA）

図5　火　星
（提供：NASA）

水星には大気がほとんどありませんが、金星表面は濃《こ》い大気におおわれ、金星表面の大気圧は 90 気圧もあります。金星大気の主成分は二酸化炭素です。地球表面の気圧は 1 気圧で、大気の主成分は窒《ちっ》素《そ》と酸素です。火星には二酸化炭素を主成分とするうすい大気があり、火星表面の大気圧は 0.006 気圧です。

木星型惑星

木星型惑星は、巨大ガス惑星ともよばれます。平均密度は小さく、木

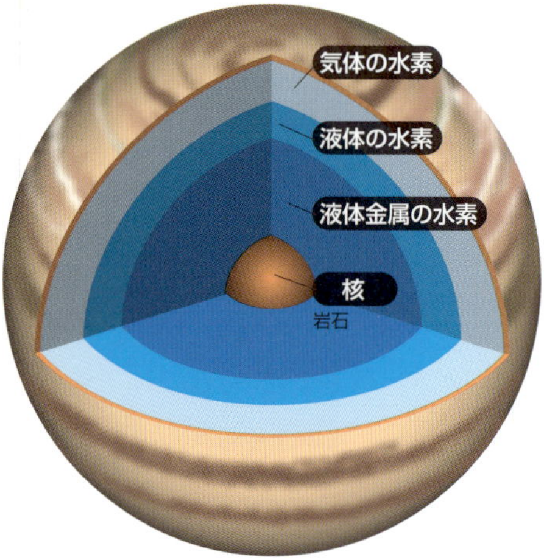

図6　木星の内部構造

星で水の 1.3 倍、土星では 0.7 倍しかありません。主成分は水素ガスで、惑星表面に見えるしま模様や木星の大赤斑《だいせきはん》は、惑星表面にある雲の模様です。中心部に行くにしたがって圧力が増し、その圧力によって液状化した水素の層が現れます。さらに深くなると水素は液体金属状に変化します。中心部には岩石や金属でできた中心核があります（図 6）。惑星の周囲には環《わ》と数多くの衛星があります。

図7　木　星
（提供：NASA/JPL/University of Arizona）

図8　土　星
（提供：NASA/JPL/Space Science Institute）

天王星型惑星

天王星型惑星は、巨大氷惑星ともよばれます。平均密度は天王星が水の 1.3 倍、海王星が 1.6 倍です。水やメタン、アンモニアが凝固《ぎょうこ》した氷が主体の惑星です。中心部には岩石と金属からなる核があり、その外

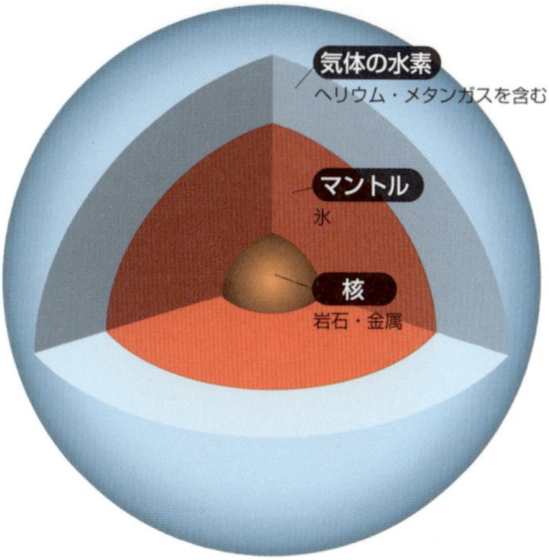

図 9　天王星の内部構造

側には、水、アンモニア、メタンの３種類が混合した氷からなるマントルがあります。その外側に水素、ヘリウム、メタンの混合ガスがおおっているのです（図９）。全体積にしめるガス成分の割合は木星などとくらべて少ないです。天王星型惑星のまわりにも環や多くの衛星があります。

図10　天王星とその環
（提供：Keck Observatory）

図11　海王星
（提供：NASA）

そのほかの小天体

さらに遠くでは微惑星がそのまま残っていたり、できあがった惑星の重力によって内側から外側に飛ばされた小さな天体ができます。太陽系外縁天体や小惑星・彗星《すいせい》などの太陽系小天体はこのようにしてできたと考えられています。

図12　小惑星イトカワ
（提供：JAXA）

図 13　ヘール・ボップ彗星
（提供：NAOJ）

太陽系の成り立ちとの関係

惑星の構造のこのような差が生じたのは、太陽系の成り立ちと関係しています。原始の太陽のまわりには、たくさんの塵《ちり》やガスが回転していました。その中で、太陽に近いところでは水分が蒸発して岩石と金属になり、遠いところでは水分が凍結《とうけつ》して氷になっていきました。地球型惑星はこの岩石と金属の塵が集まってできたものです。

一方、氷の塵が生じたところでは、太陽から遠いため太陽の重力が弱く、惑星はより長い時間をかけて成長しました。そのようにしてできた巨大惑星は、その大きな引力で周囲のガスを取りこみ、巨大ガス惑星である木星型惑星が誕生したのです。その外側ではさらに長い時間をかけて巨大惑星が成長したのですが、時間がかかりすぎたために、すでに十分なガスが残っておらず、ガスの量がより少ない天王星型惑星ができたと考えられるのです。

理科年表　天文部　「惑星表」「太陽、惑星および月定数表」「おもな太陽系天体の大気化学組成」「太陽系小天体」「小惑星と隕石の物理的特性」

10 宇宙の構造

—宇宙にはどんなものがあるの？—

宇宙にはさまざまな天体があります。地球に近いものならば小さな天体でも比較的簡単に発見できますが、遠くの天体は、大きくて明るくないと発見は困難です。大きな天体は、小さな天体が多数集まってできている場合もあります。このように、段階的により大きな天体や形が現れることを、宇宙の階層構造《かいそうこうぞう》といいます。

惑星《わくせい》の大きさ

太陽系の惑星で最も大きいのは木星で、直径 14 万 km ほどあります。太陽系外では、これより大きな惑星もあることがわかっていますが、大きくとも数十万 km 以下であると予想されています。太陽系内の他の惑星は、木星よりはずっと小さく、いちばん小さな水星では 4880 km しかありません。

恒星《こうせい》の大きさ

太陽は大きさも重さも典型的《てんけいてき》な恒星だと考えられています。その直径は 139 万 2,000 km あります。主系列星《しゅけいれつせい》だとその 0.3 ～ 20 倍ほどの直径があります。大きな赤色巨星《せきしょくきょせい》では 1000 倍程度のものがあり、白色矮星《はくしょくわいせい》だと 0.01 倍（地球と同程度の大きさ）の直径です。

銀河の大きさ

典型的な銀河である天の川銀河は、直径が 10 万光年程度、ふくまれる星は 1000 億個程度です。ふくまれる星の数が、この 1/100 以下の矮小《わいしょう》銀河から 100 倍以上ある巨大楕円《だえん》銀河まで、さまざまな大きさの銀河があります。

宇宙の大きさ

天体からの光は届くのに時間かかかるので、実際に観測できるのは遠くほど昔の姿になります。宇宙の誕生は 137 億年※ほど前なので、

※　±1 億年ほどの誤差がありえます。

137億光年《こうねん》より遠くにある天体の光はいまだ地球に届いていないため、ここが限界となり、これを宇宙の地平線とよびます。

しかし、宇宙はどこでも同じように変化していると考えられているので、そこの現在の様子は太陽系付近とは変わりません。地平線《ちへいせん》の先にも無限に続いていると考えられています。

100倍ごとに見た宇宙の様子

日常的に経験できる距離《きょり》である1kmから100倍ごとに見る範囲を変えた場合に、現れる天体や宇宙の構造を見てみましょう。縮尺《しゅくしゃく》が100倍異《こと》なると、見える範囲がどれくらい変わるか、最初の2枚で確かめてみてください。

自分たちが暮らす町：東京駅付近

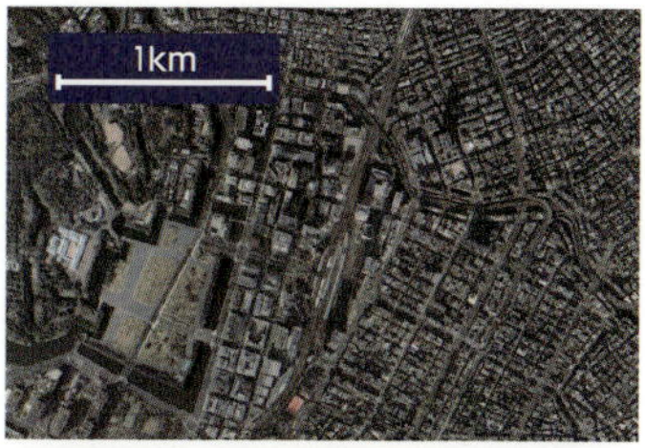

距離1kmは、自分たちが日常生活をおくる広がりに匹敵《ひってき》します。100倍になるとどのくらいの広がりに変わるか想像してみてください。図は東京駅周辺の様子です。

自分たちの地方：関東地方

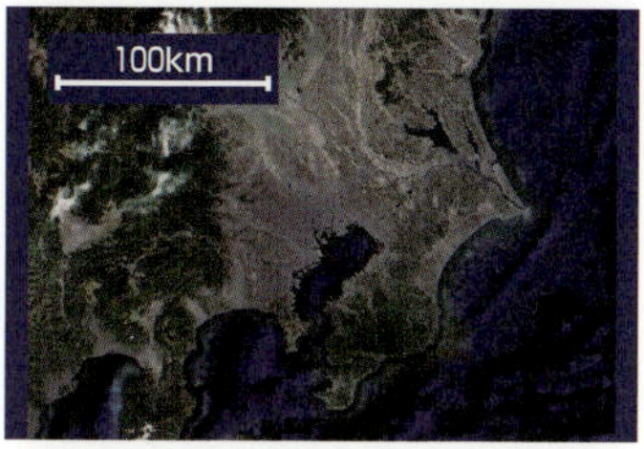

100 kmは自分が住む地方の広がりに匹敵します。関東平野や近畿地方の広がりがこの程度になります。図は関東平野の衛星写真です（画像はGoogle Earthより）。

地球：直径1万2,700 km

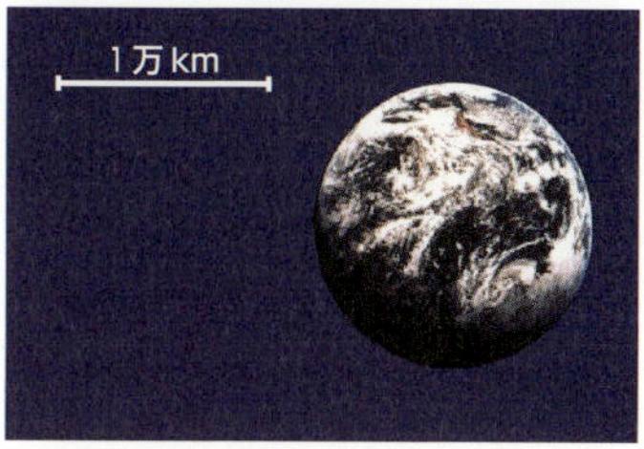

1万kmは地球の直径1万2,700 kmに匹敵します。多数の人工衛星が地球表面から数百kmの距離を公転していますが、かなりの数の人工衛星がある対地静止軌道《たいちせいしきどう》は赤道上空3.6万kmにあり、この図より外側になります。

地球と月：距離 38 万 km

地球と月の距離は 38 万 km です。人間が直接訪れた最も遠い地点になります。地球と太陽の重力で生じるラグランジュ点 L1 は太陽観測衛星《かんそくえいせい》 SOHO などが利用しています。地球からこの L1 点までは 150 万 km です。

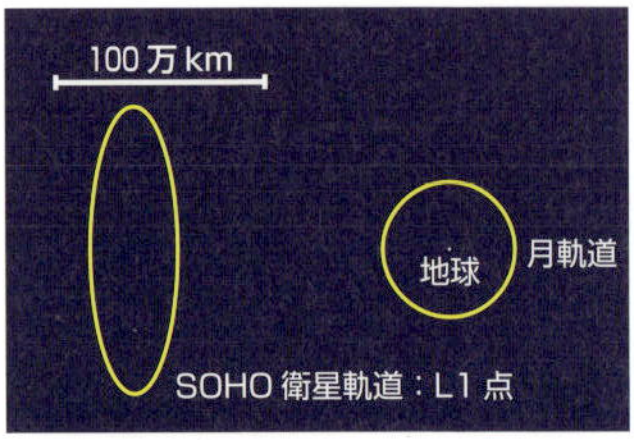

太陽系内域

太陽は地球から 1.5 億 km はなれています。この距離を 1 天文単位とよびます。太陽系の内側の惑星軌道は、直径が数天文単位あります。火星軌道と木星軌道の間を中心に多数の小惑星があります。太陽の直径は 139 万 km ありますが、この図では大きさはほとんどわかりません。

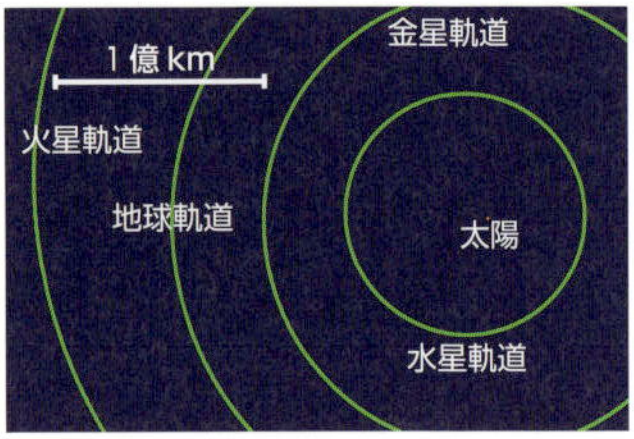

太陽系外縁《たいようけいがいえん》部《ぶ》

太陽系の外側には木星、土星、天王星、海王星、その外側には太陽系外縁天体（図の赤点）があります。このほかにも多数の天体が広がるのが太陽系です。太陽系外縁天体の広がりは数十天文単位です。この外側にも多数の小天体があると想像されています。

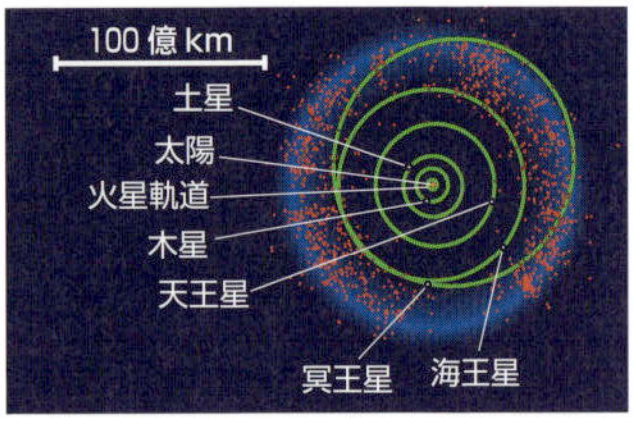

太陽系

1 兆 km は 0.1 光年にほぼ等しい距離です。太陽の影響はこの距離でも及んでいますが、具体的な天体はほとんど観測されていません。きわめて周期が長い彗星《すいせい》の遠日点は、ここよりさらに遠いと考えられています。

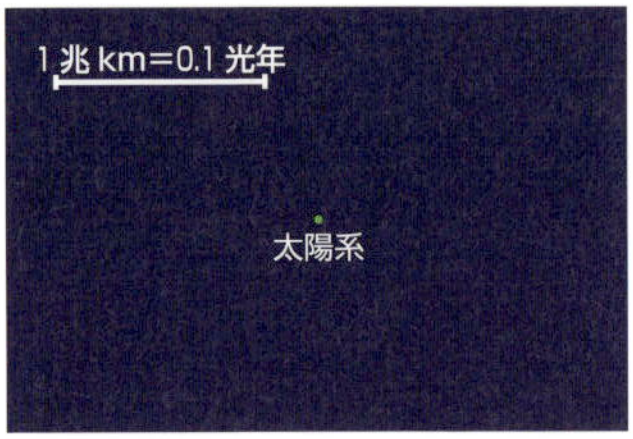

太陽に近い恒星

太陽に近い恒星は、数光年はなれています。ただし、そのほとんどは暗い天体で有名な星は数えるほどしかありません。図はある方向から見た向きに投影した分布で、大きさは恒星の真の明るさに応じて描いてあります。

天の川の星々

星座の主要な星は数光年から数千光年の距離にあります。この距離で恒星の分布を調べると天の川に沿った面に集中していることがわかります。この向きは地球の公転軌道のなす面とは 60°ほど異なった向きです。

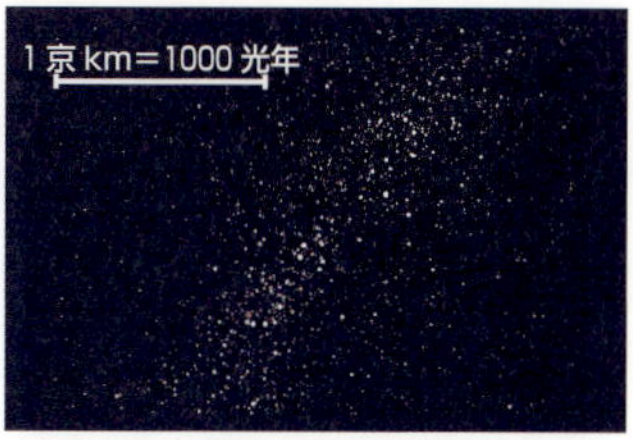

天の川銀河

天の川銀河は直径 10 万光年の円盤状の天体で、1000 億個にのぼる恒星の集団です。太陽系はその中心から 2.8 万光年ほどはなれた場所に位置します。

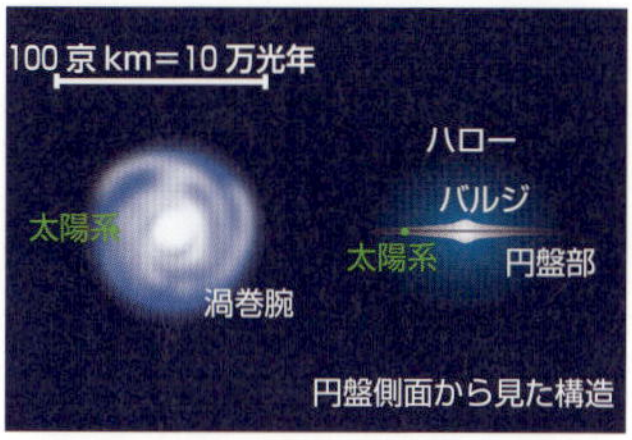

近くの銀河群

いくつかの銀河が集団をなした天体を銀河群、多数の銀河がなす集団を銀河団といいます。天の川銀河の周囲には図示した３つの銀河群が、5900 万光年離れたところに、おとめ座銀河団があります。灰色で図示した銀河面方向は、天の川銀河の天体のために観測が困難です。

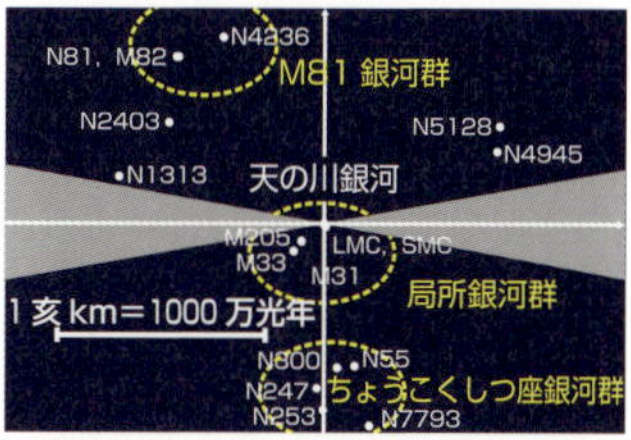

遠い銀河がつくる泡状構造

多くの銀河団は相互につながって、銀河の分布の濃淡が泡《あわ》状の構造をなしています。これを宇宙の大規模構造とよびます。観測可能な最も遠い天体は宇《う》宙《ちゅう》背景放射《はいけいほうしゃ》で 137 億光年ほどはなれています。

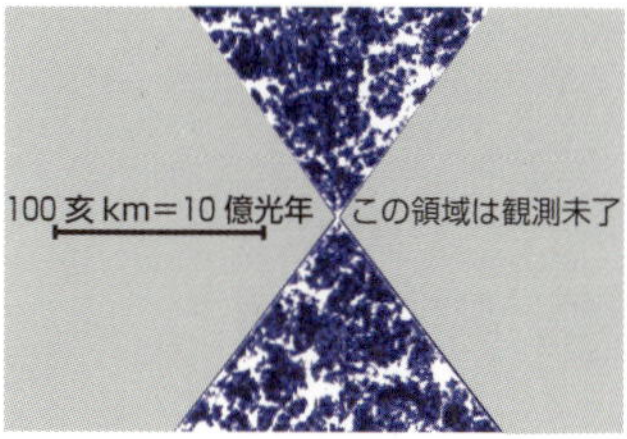

理科年表　天文部　「地球」「惑星表」「月」「天体の距離と絶対等級」「近距離の恒星」「銀河」「銀河群」「銀河団」「超銀河団と宇宙の大規模構造」、物理／化学部　「SI 以外の単位」ほか

11 宇宙の膨張《ぼうちょう》

―ビッグバンってなに？―

銀河が遠ざかっていく速さは、その距離《きょり》に比例することが、ハッブルによって発見されました。これは、宇宙が膨張しているためです。およそ137億年前から続いていて、最初はビッグバンから始まったと考えられています。

ハッブルの法則

多数の銀河について、それが遠ざかっている速さを調べると、銀河までの距離にほぼ比例することがわかります（図1）。その比例関係は銀河の種類や大きさ、地球から見える方向によらず、グラフではすべての銀河が1本の直線にそって並びます。これをハッブルの法則といい、距離と速度の比例係数をハッブル定数とよびます。

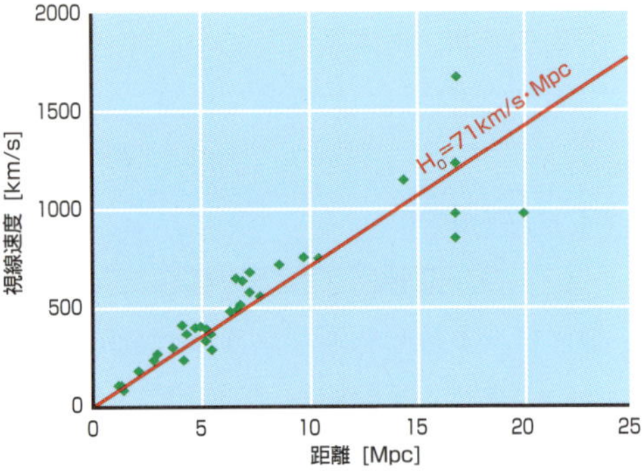

図1　近くの銀河34個の距離と視線速度《しせんそくど》
(Allen's Astronphysical Quantities 4th ed. より)

とはいえ、実際の測定データは直線からある程度のばらつきを示します。これは、遠くの銀河のデータを正確に得ることが難しいことに加えて、個々の銀河がハッブルの法則にしたがう運動のほかに1000 km/s程度の速さでまちまちな方向に動いていることがおもな原因です。

宇宙膨張

すべての銀河で共通していることから、ハッブルの法則は宇宙全体の性質であることがわかります。宇宙全体がどこも同じように膨張していて、個々の銀河は宇宙の膨張にしたがって移動していると考えると、ハッブルの法則を説明することができます。

宇宙の膨張がはるか昔から一定であり、個々の銀河が現在の速さで遠ざかり続けていたならば、その銀河が天の川銀河から現在の位置まで移動するのに要する時間は、どの銀河でも同じになります。つまり、この時間だけ過去には宇宙全体が１点に集中していたことになります（図２）。

しかし、これは天の川銀河が宇宙の中心に位置することを意味しません。宇宙全体が同じように膨張しているなら、どの銀河から見ても同じハッブルの法則が観測できるからです（図３）。

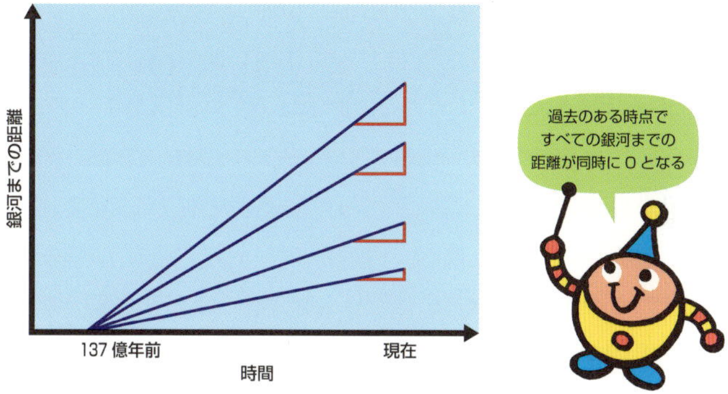

図２　宇宙膨張

赤い線の２辺の比が現在の銀河の視線速度となる。ハッブルの法則が過去にもずっと成り立っていたなら、それぞれの銀河は青線で示された運動をしていたはずで、過去のある時点ですべての銀河までの距離が同時に０となる。

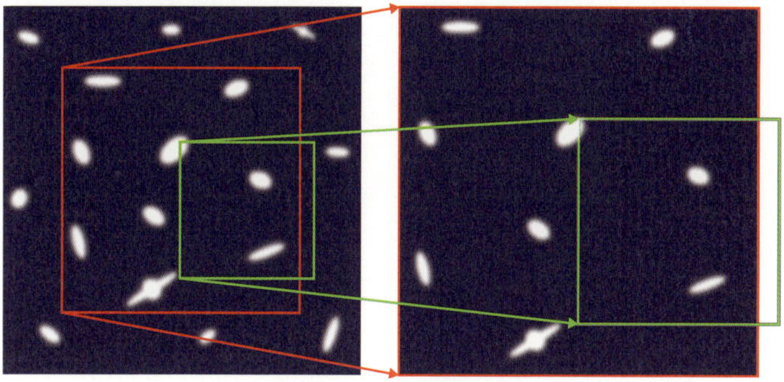

図３　中心のない膨張

全体が一様に膨張しているなら、遠ざかる様子から中心を決めることはできない。すべての銀河間距離が同じように大きくなるからである。赤と緑の枠の内部を左右でくらべてみよう。

ビッグバン

宇宙膨張はいつ始まったのでしょうか？　宇宙がずっと以前からつねに同じ速さで膨張していたならば、宇宙全体が１つの点になっていたのは今から 137 億年ほど前になります。そのときには宇宙は温度も密度も無限大だったことになります。この時点およびその直後の様子を、ビッグバンといいます。

ビッグバン以前がどうであったかは、現在の知識では推定することができません。大きさが0になったところで、これまで知られている知識がすべて使えなくなってしまうからです。

宇宙の晴れ上がりと宇宙背景放射《うちゅうはいけいほうしゃ》

宇宙全体が膨張すると、物質も熱も出入りがないので、宇宙全体で平均した密度や温度はどんどん下がっていることになります。逆にいえば、昔ほど宇宙の平均密度は濃く、温度が高かったことになります。この推定にもとづくと、昔は宇宙全体が恒星の内部のように濃い電離《でんり》ガスで輝いており、温度が 3000 K を下回ったところでいっせいに中性ガスに変わったはずです。中性ガスは透明なので、この時点で宇宙は急に透明になったと予想できます。この急変を宇宙の晴れ上がりといいます。

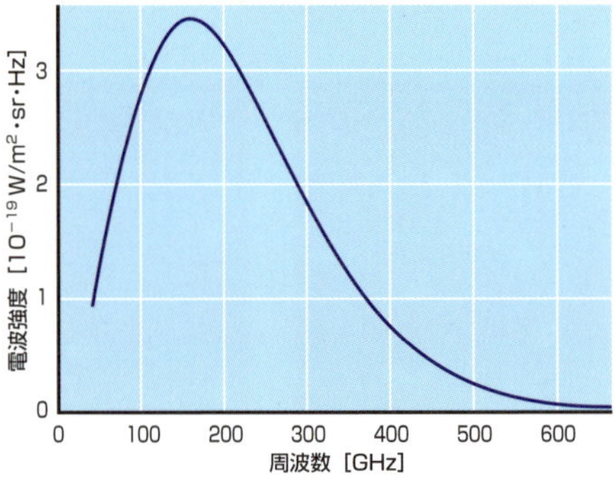

図４　COBE 衛星による宇宙背景放射のスペクトル

（NASA（http://lambda.gsfc.nasa.gov/）より）

濃《こ》い電離ガスが示すスペクトルが宇宙膨張によって波長が伸びたものである、2.7K の黒《こく》体放射《たいほうしゃ》（→ 58 ページ参照）と完全に一致する。

宇宙の晴れ上がり直前に放たれた光は、宇宙が透明になったので現在の地球からでも観測できます。ただし、宇宙膨張によって波長が長くなり、現在は、電波で最も明るくなっています。これを宇宙背景放射とよびます（図 4）。

宇宙背景放射の様子を調べると、あらゆる方向でほとんど同じ強さの電波で光っていることがわかります。しかし、精密に調べると、方向によって 100 万分の 1 程度の強度のちがいがあることが発見されました。これを宇宙背景放射のゆらぎといいます（図 5）。その性質を調べることで、宇宙の晴れ上がり当時の宇宙の様子を直接知ることができるのです。

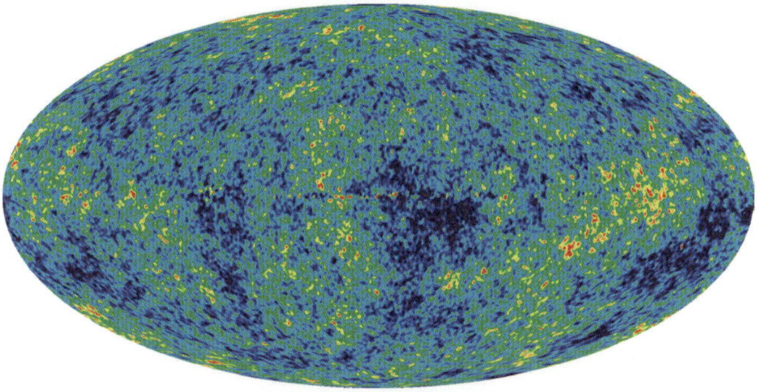

図 5　WMAP 衛星による宇宙背景放射のゆらぎ
（NASA（http://map.gsfc.nasa.gov/）より）

図 6　宇宙背景放射を高精度で測定した WMAP 衛星（想像図）
（提供：NASA/WMAP Science Team）

暗黒物質《あんこくぶっしつ》

天体の運動を調べてみると、それを説明するためには観測で見つかる天体の質量だけでは重力が不足していることがわかってきました。たとえば、天の川銀河やほかの銀河の回転を調べると、中心から遠く離れても回転速度がほとんど変わりません（→ 50 ページ参照）。これは中心から遠く離れても大きな質量がなくてはならないことを意味します。また、銀河団にある銀河は 1000km/s 以上にも達する速さで運動していて、それぞれの銀河が銀河団から逃げ出さないためには、見えている銀河の質量だけでは足りません。さらに、観測で得られた宇宙の晴れ上がりのころの様子から、現在までに銀河ができるためには重力が不足していることもわかっています。

そこで、この不足する重力を生じさせる物質として想定されているのが暗黒物質です（図 6）。暗黒物質は重力をおよぼす以外には電磁波《でんじは》にいっさい影響を与えないので、黒というより完全に無色透明というべき物質です。ただし、どのような物質なのかはいまだにわかっていません。

図 6　宇宙での物質の割合

宇宙の加速膨張《かそくぼうちょう》と暗黒エネルギー

遠いために、光が届くまでに 100 億年以上かかるような天体を調べると、宇宙がつねに同じ速度で膨張している場合の予想にくらべて、天体が暗く見えることがわかりました。これは同じ視線速度《しせんそくど》に対して実際の距離が遠いこと、すなわち、ハッブル定数が小さいことを意味します。

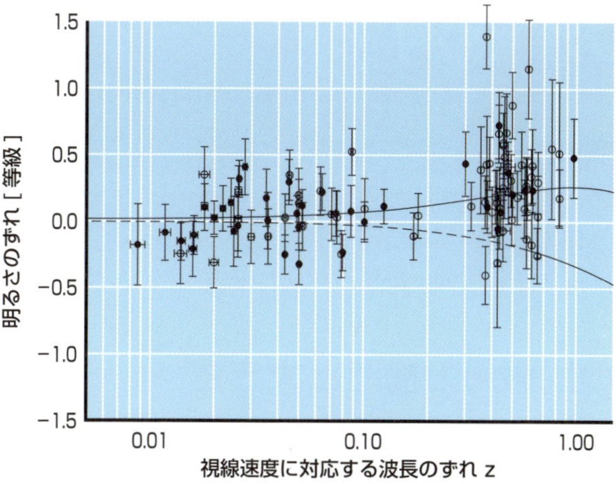

図 7　宇宙の加速膨張を示すグラフ

横軸は宇宙膨張による視線速度、縦軸は膨張速度がつねに同じ場合の明るさからのずれを表す。遠い天体ほど暗いほうにずれているということは、距離が増えるわりには予想ほど速度が増えていかないこと、つまり、ハッブル定数が昔ほど小さかったことを意味する。それは膨張速度が昔ほど遅かった、つまり宇宙膨張がしだいに速くなっていることを意味する。(Riess 2000, PASP 112, 1284 より)

これは、昔ほど宇宙膨張が遅かったためと考えられます。つまり、宇宙の膨張は加速しているのです（図 7）。

けれども、重力はすべて引力なので、物質があれば宇宙の膨張速度はどんどんおそくなるはずで、宇宙膨張が加速しているのなら、宇宙には引力だけをおよぼす重力とは別の力も働いていることになります。そこで、非常に遠い天体どうしの間でだけで初めて働いていることがわかるような反発力が宇宙にはあるのではと考えられるようになりました。この反発力の原因として想定されているのが、暗黒エネルギーです（図 6）。

アインシュタインが考えた一般相対性《いっぱんそうたいせい》理論《りろん》では、重力の一部として、距離に比例して強くなる反発力があるとされていて、それを宇《う》宙《ちゅう》項《こう》といいます。このため、暗黒エネルギーは宇宙項なのだと考える説が有力です。しかし、そうだとしても、暗黒エネルギーとはどのようなエネルギーなのかまったくわかっていません。

12 天の川銀河

―天の川って外から見ると、どんな形をしているの？―

太陽系は、1000 億個以上の恒星と多数の星雲が集まった、銀河という種類の、巨大な天体に属しています。この銀河を天の川銀河、あるいは銀河系とよびます。その一部は地球からは天の川として見られます。

天の川銀河の構造と大きさ

天の川銀河は渦巻《うずまき》銀河の 1 つで、恒星《こうせい》や星雲の濃淡《のうたん》で描き出される渦巻模様をもつ円盤状の天体です（図 1）。直径は約 10 万光年、厚さは中心部で約 1.5 万光年、太陽系付近で 0.2 万光年あります。渦巻銀河のうち、中心部を除いた、この円盤状の部分を円盤部といい、そこに属する星々の一部が太陽系からは天の川として見えます。

渦巻銀河の中心部は円盤部より厚さ方向にふくらんでいて、ここをバルジとよびます。天の川銀河のバルジは面と垂直な方向から見ると細長

図 1　天の川銀河の構造と大きさ（イメージ図）

（提供：NAOJ/4D2U Project）

い葉巻《はまき》状であることがわかっています。

これら全体を取りまくように球状星団が分布していて、その広がりは直径 15 万光年ほどです。球状星団が分布している範囲も天の川銀河の一部で、ハローとよばれます。

天の川銀河の渦巻腕《うずまきうで》

渦巻腕には星間ガスや恒星が集中しています。私たちは天の川銀河の中にいるため、その形を正確に知るのは困難です。けれども、さまざまな方法を使って、大ざっぱな形ならいくつかの予想がなされています。ここに示したのもその1つです（図2）。しかし、腕の続き方や名称には異なる説もあります。たとえば、太陽系の近くにある腕に似た構造はオリオン腕とよばれますが、遠くまでつながっている渦巻腕ではないだろうという意見が今は多くなっています。

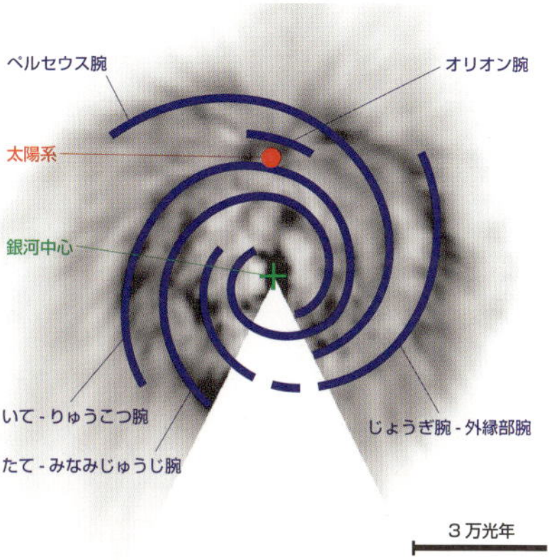

図２　天の川銀河の渦巻腕

散開《さんかい》星団

めだつ星がばらばらと不規則な形状に集まっている集団を散開星団といいます（図３）。１つの散開星団に属する恒星は数百個程度といわれています。同じ場所で同じ時期にできた星からなり、100 万年程度前にできた星からなる散開星団が多いです。

図３　散開星団　M45

（提供：NAOJ）

全体の質量にくらべて個々の星の運動が速く、将来はばらばらになってしまうと考えられています。銀河の円盤部に集中した分布をしていて、円盤にそって公転運動しています。

球状《きゅうじょう》星団

散開星団よりもずっと多数の恒星が球状に密集した星の集団を球状星団といいます（図 4）。1つの球状星団に属する恒星は1万個を越えるといわれています。100 億年以上も前にできた、水素・ヘリウム以外の元素が乏《とぼ》しい恒星からなります。恒星の密集度が高いため、お互いの重力でまとまっていて、集団として銀河全体の中を公転運動しています。円盤部だけでなく、ハローを含めて、銀河全体を取り巻くように分布しています（図 5）。

図 4　球状星団　M13

（提供：NAOJ）

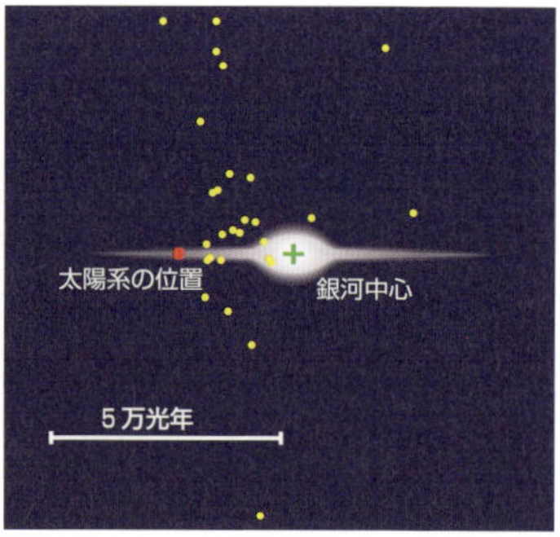

図 5　球状星団（黄色）の分布

星《せい》　雲《うん》

宇宙は完全な真空《しんくう》ではありません。きわめて薄いながらもガスや塵《ちり》がただよっています。それらの比較的濃い部分がひとかたまりとなって、よくわかる天体を形づくっている場合、これを星雲といいます。

中心にある高温で明るい恒星が、周囲のガスを電離《でんり》して光っている星雲を輝線《きせん》星雲、赤色巨星《せきしょくきょせい》の外側が周囲に流れ出したガスを中心に残った白色矮星《はくしょくわいせい》の光が電離して光っている星雲を惑星状星雲、恒星が超新《ちょうしん》星爆発《せいばくはつ》を起こした衝撃が周囲のガスに伝わって光っている星雲を超新星残骸《ざんがい》、低温のガスに含まれる塵が近くの恒星の光を反射《はんしゃ》して光って見える星雲を反射星雲、背景にある星空や星雲を手前にある低温のガスに含まれる塵がさえぎって影として見える星雲を暗黒《あんこく》星雲といいます。

輝線星雲と反射星雲とが入り乱れている星雲も多いため、両方をまとめて散光《さんこう》星雲とよぶ人もいますが、輝線星雲と反射星雲とでは性質も特徴も大きく異なるので注意が必要です。

太陽系の位置と運動

太陽系は中心から 2.8 万光年ほどはなれた円盤の中央面近くに位置し、太陽系から見ると中心はいて座の方向にあたります。太陽系ははくちょう座の方向に 220km/s で運動していて、およそ 2.4 億年で銀河中心のまわりを一周します。

天の川銀河の回転

天の川銀河の円盤部にある天体は、円盤にそって銀河中心のまわりを公転しています。その速さは中心からの距離が変わってもあまり変化がなく、200〜220 km/s 程度でほぼ一定しています（図 6)。中心から遠い天体ほど公転周期は長くなりますが、太陽系の惑星の運動のように公転速度がおそくなっているわけではないのです （→ 30 ページ参照）。外縁部の星も 200 km/s ほどで公転していることから、それを引き留めておくための重力が働いているはずですが、実際に観測されている恒星やガスは、それだけの量がありません。この不足分は暗黒物質が補っていると考えられています （→ 46 ページ参照）。

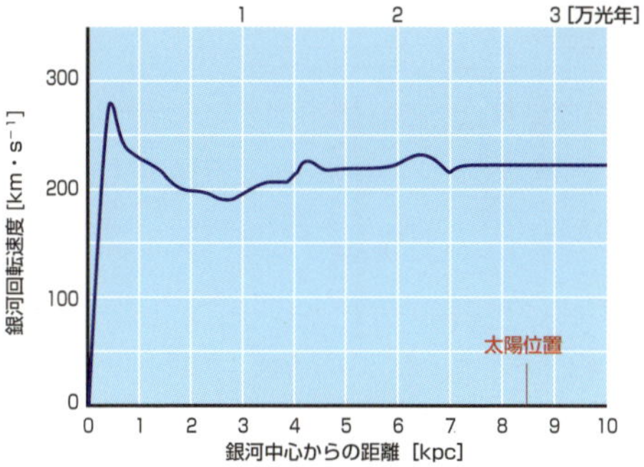

図 6　銀河の回転速度

（Gunn, Knapp & Tremaine（1979）より）

13 恒星《こうせい》のスペクトル

—恒星のちがいってどうやってわかるの？—

恒星を望遠鏡で撮影しても、その画像からはちがいを知ることはほとんどできません。その代わり、恒星からの光を波長ごとに分解してスペクトルを調べてみると、吸収《きゅうしゅう》線がさまざまなパターンを示すことがわかります。

スペクトルとは？

恒星など物体が発する光を波長ごとに分け、それぞれの波長での明るさのちがいを調べたものをスペクトルといいます。ほとんどのスペクトルは、波長がちがっても明るさが少しずつしか変わらない成分と、波長のわずかなちがいで明るさが急変する成分との組みあわせになっています。前者を連続スペクトル、後者を線スペクトルといいます。線スペクトルには、隣接《りんせつ》する波長での連続スペクトルよりも局所的《きょくしょてき》に明るくなっている輝線《きせん》と、局所的に暗くなっている吸収線とがあります（図 1）。吸収線は暗線《あんせん》とよぶこともあります。スペクトルを表現する場合、明るさのちがいを白黒の濃淡《のうたん》で示すより、波長と明るさのグラフを描くほうが明暗のちがいがよくわかります。

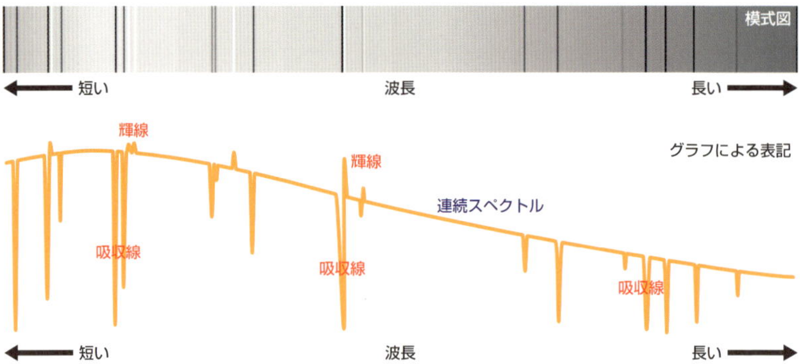

図 1　輝線と吸収線が見られる連続スペクトルの例

吸収線と元素

完全に不透明な物質は、その温度に応じた連続スペクトルを出します。その手前に透明な物体があると、そこにふくまれる元素の種類に応じた線スペクトルが生じます。後ろから照らす光のほうが輝きが強ければ吸収線に、弱ければ輝線になります。

恒星《こうせい》の場合、その表面は不透明で連続スペクトルを放ちます。表面のすぐ上空には透明なガスがあり、そこにふくまれる元素が吸収線を生じます（図 2）。ですから、恒星のスペクトルを調べると、その吸収線から恒星にふくまれる元素を知ることができます。ほとんどすべての恒星で見られるのは、水素の吸収線です。ほかにもヘリウム（He）やカルシウム（Ca）、マグネシウム（Mg）、鉄（Fe）、ナトリウム（Na）などが示す吸収線が見られます。しかし、星の表面温度が大きく変わると、同じ元素が同じ量だけふくまれていても対応する吸収線の濃さが変わったり見えなくなったりする場合があります。これを逆に用いて、スペクトル型から恒星表面の温度や圧力を知ることができます。

図 2　吸収線が生じるしくみ

星の色と温度

連続スペクトルには、さまざまな波長の光が混ざっています。波長が異《こと》なる光は異なる色に見えるので、連続スペクトルのちがいはわずかな色のちがいとして見えます。これを、特定の波長範囲での明るさの比として、数値で表現したものを色指数《いろしすう》とよびます。たとえば、波長 440 nm および 550 nm 付近での明るさを等級で表した値を、それぞれ B 等級、V 等級といい、その差（明るさの比）である B-V はよく使われる色指数の１つです。

高温の物体が発する連続スペクトルは、その温度によって変化するので、色が変わります。恒星の表面温度は、4000 K から 45000 K の間で変わり、そのちがいが恒星の色のちがいとして観測されます（→ 58 ページも参照）。

恒星のスペクトル型

多数の恒星のスペクトルをくらべてみると、スペクトル型の変化は連続的で、一連の系列をなしていることがわかります。これを吸収線のパターンごとに分類したものを、恒星のスペクトル型といい、アルファベットを使って、O 型、B 型、A 型、G 型、M 型などと表します（図 3）。

恒星のスペクトル型は、ふくまれている元素の種類のちがいだけではなく、恒星の表面温度のちがいでも変わります。温度が高い恒星の場合には、スペクトルのちがいはほとんど表面温度のちがいだけで生じています。つまり、これらの恒星のスペクトル型のちがいは表面温度のちがいを反映しているのです。

恒星のスペクトル型を温度の順に並べると、温度の高いほうから、O、B、A、F、G の順になります。より低温の恒星では、ふくまれる元素のちがいもスペクトル型のちがいとなり、K、M、L、T 型の系列と、R、N 型の系列、さらに S 型があります。

スペクトル型の実際の変化は連続的であるため、これらのスペクトル型をさらに 10 等分して 0 〜 9 までの数字をつけて、O9 型、B0 型などと表すこともあります。この数字は値が小さいほど高温側です（図 4）。

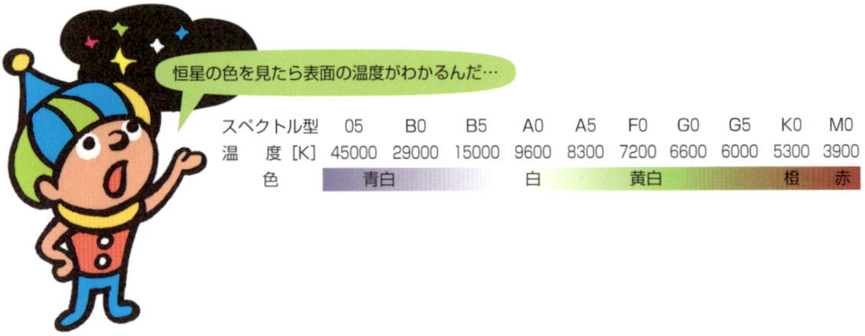

図 3　色と温度とスペクトル型の関係

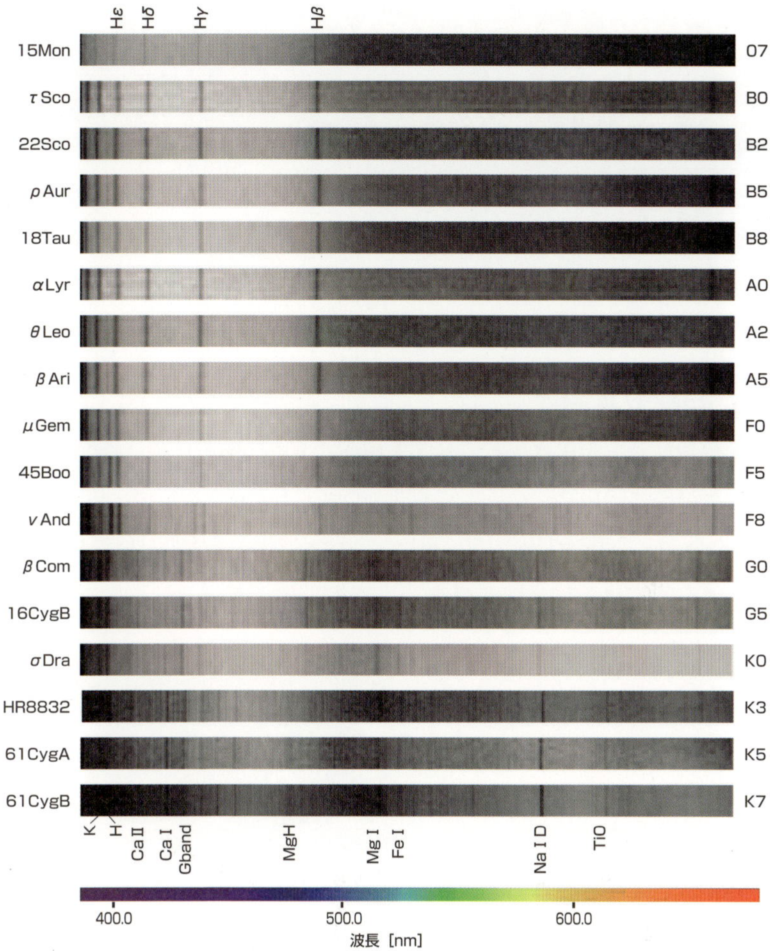

図４　いろいろな恒星のスペクトル

（粟野諭美ほか編：『天空からの虹色の便り——宇宙スペクトル博物館　可視光編』（裳華房）より）

理科年表　天文部　「恒星のスペクトル型」「恒星の物理的諸量」「等級の種類と有効波長、空間吸収」、物理／化学部　「紫外部・可視部・近赤外線部のおもなスペクトル線の波長」

14 HR 図と恒星《こうせい》の分類

―星にはどんな種類があるの？―

ヘルツシュプルング・ラッセル図（HR 図）は、恒星の温度やスペクトル型や色指数《いろしすう》を横軸に、絶対等級を縦軸にして示したグラフです。多数の恒星のデータを使って HR 図を描くと、図上の分布の特徴によって恒星を分類することができます。

恒星の特徴

恒星はその大きさにくらべてきわめて遠くにあるため、画像をくらべても、ちがいがわかることはまずありません。そのため恒星の性質を知るのには、恒星の真の明るさと色やスペクトル型を手がかりにします。

距離《きょり》と絶対等級

遠いけどとても明るい？近いから明るく見える？

遠い恒星と近い恒星とでは地球からの距離が何けたも異《こと》なります。そのため距離を考慮《こうりょ》しないと、近いために見かけだけ明るくなっている星なのか、遠いけれども真に明るい星なのかの区別がつきません。

光源の見かけの明るさは、距離の２乗に反比例して暗くなることが知られています。そこで、天体までの距離がわかれば、すべての天体を同じ距離だけはなれて見たら、どれくらいの明るさになるか計算することができます。こうして、距離 10 pc（=32.6 光年《こうねん》）だけはなれて見たとした場合の明るさを等級で表したものを絶対等級《ぜったいとうきゅう》とよびます。絶対等級は、天体の真の明るさを示す値として用います。

ヘルツシュプルング・ラッセル図（HR 図）

星の色やスペクトル型、あるいはそこから推測される表面温度は、距離によらずその星固有の量になります。一方、真の明るさである絶対等

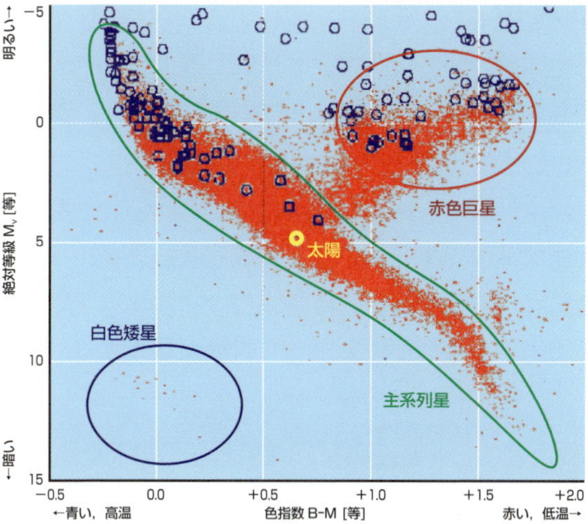

図 1　ヘルツシュプルング・ラッセル図（HR図）

距離がわかっている星すべてを使って描いたもの。赤点はヒッパルコス星表、青い○は理科年表に掲載されているおもな恒星。太陽は明るさも温度も標準的な主系列星であることがわかる。

級も恒星の固有の量です。この２つの量に関係があれば、宇宙のどこでも成り立つ恒星に固有の性質を見つけたことになります。

１つの星に対して、そのスペクトル型と絶対等級とをグラフ上に示し、多数の恒星の特徴をくらべたグラフを、ヘルツシュプルング・ラッセル図といいます（図 1）。頭文字をとって HR 図ということもあります。スペクトル型の代わりに色指数や表面温度を用いても、ほぼ同じ図が描けるので、これらも HR 図とよぶことがあります。

HR 図と恒星の分類

実際の星のデータを用いて HR 図を描くと、ほとんどの恒星は、HR 図上で左上から右下に連なる一定の列をなします。これを主系列《しゅけいれつ》といいい、ここに属する星を主系列星《しゅけいれつせい》といいます。主系列星は表面温度が高温なほど絶対等級が明るくなります。

しかし、多数の恒星を調べると、主系列から大きく外れる星もあります。HR 図上で右上に位置するものと左下に位置するものです。前者を赤色巨星《せきしょくきょせい》、後者を白色矮星《はくしょくわいせい》とよびます。

星の大きさ

高温の物体が放つ連続スペクトルは、温度だけで決まり、同じ大きさの光源でも温度が高いほど強く輝きます（図 2）。ですから、高温なほど明るいという主系列星の傾向は自然です。

一方、赤色巨星は、温度が低いのに明るいので、主系列星よりけたちがいに大きな恒星であるということを意味します。

白色矮星は、温度が高いのに暗いわけですから、主系列星にくらべてけたちがいに小さな恒星だということになります。

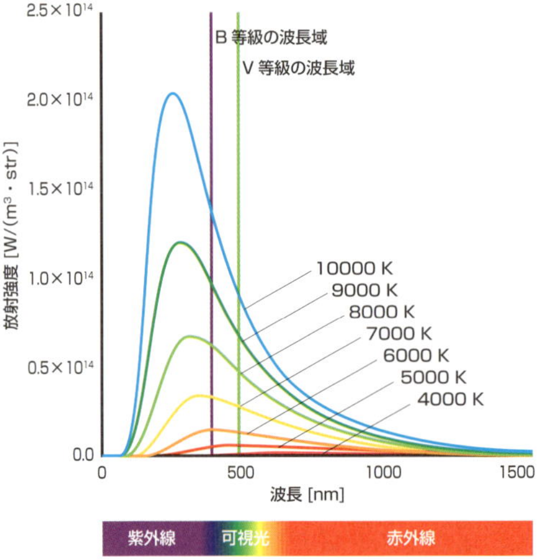

図 2　黒体放射《こくたいほうしゃ》のスペクトル
高温の物体が示す連続スペクトルを理想化したものを黒体放射という。黒体放射は温度によって左図のように変化し、温度が高いほど、輝きが強く、ピークの波長が短くなる。

主系列星

主系列星は、星の中心で水素の核融合《かくゆうごう》が起こっている恒星です（図 3）。質量が大きな恒星は中心での核融合反応が激しく、大量の熱エネルギーを発生するため、表面温度も高くなります。つまり、HR 図で左上に位置するほど、質量が大きな主系列星だということになります。重さは太陽の 0.2 倍から 40 倍、直径は太陽の 0.3 倍から 20 倍あります。

図 3　太　陽
主系列星の代表といえる恒星。実際の形は球形である。
（提供 :NAOJ（http://solarwww.mtk.nao.ac.jp/））

赤色巨星

赤色巨星は、中心で水素が乏《とぼ》しくなり、その周囲で水素の核融合が起こっている恒星です（図 4）。主系列星よりけたちがいに大きく、その代表といえるアンタレスの直径は太陽の 720 倍もあります。これは太陽系なら火星軌道《きどう》の直径よりも大きいことになります。

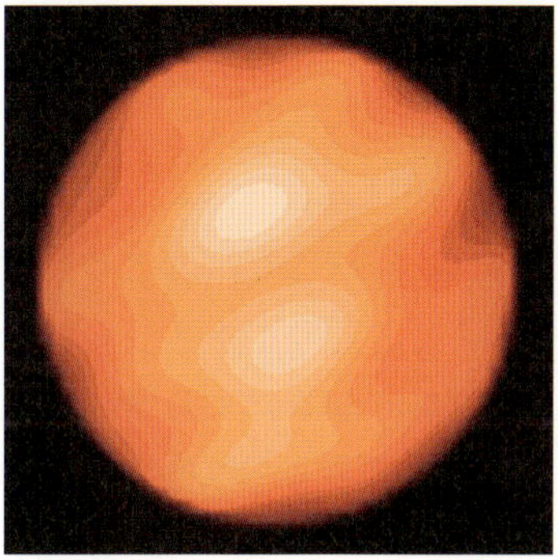

図 4　オリオン座の赤色巨星　ベテルギウス

光干渉《かんしょう》計のデータから合成されたベテルギウスの画像。周囲ほど暗いこと、斑《はん》点状に明るいところが 2 ヵ所あることなどがわかる。
(Haubois et al.(2009) A&A 508.923 より)

白色矮星

白色矮星は、核融合が終わってしまい、それまでの余熱で光っている恒星です（図 5）。主系列星よりけたちがいに小さく、その代表といえるシリウス B の直径は、太陽の 0.016 倍、地球の 1.7 倍しかありません。

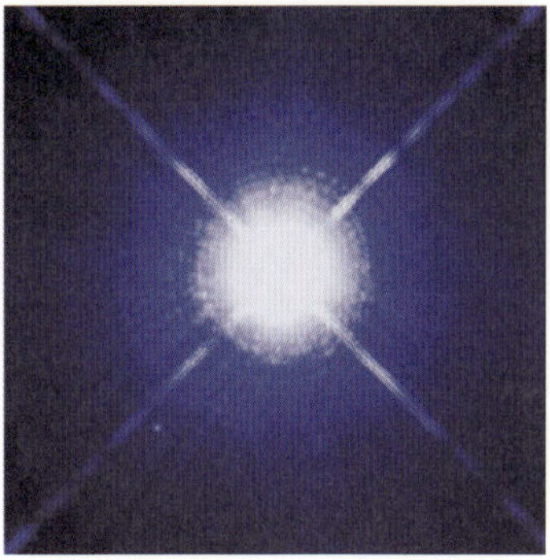

図 5　シリウス A とシリウス B

明るい星は主系列星であるシリウス A。その左下にかすかに写っているのが白色矮星のシリウス B。異なった種類の 2 つの恒星が互いに組になっている。シリウス A の周囲に見える×印および同心円状の像は、撮影に用いた望遠鏡の性能の限界で生じたにせの像で、恒星の実際の形とは関係がない。
(提供 : NASA, ESA, H.Bond(STScl), and M. Barstow (University of Leicester))

15 宇宙での物質循環《じゅんかん》

—星はなにからできて、なにになるの？—

恒星《こうせい》は無限の過去から永久に輝いているわけではありません。恒星は星間ガスから誕生し、何百万年・何百億年と時間がたつと種類が変わります。内部で起こっている核融合《かくゆうごう》の燃料がなくなると星はやがて輝きを失い、いろいろな形を経て星間ガスへと還《かえ》ります。

恒星の誕生

星間ガスになにかの理由でちょっとした濃淡《のうたん》のちがいができると、まわりより濃《こ》い部分は自分の重さで収縮《しゅうしゅく》します。収縮すると濃くなるので、濃淡の差はどんどん拡大します。こうして星間ガスの濃い部分が暗黒星雲《あんこくせいうん》になります。この中でもとくに濃い部分は、さらに収縮して原始星《げんしせい》ができます。原始星に大量の物質が降りつもり、中心の温度と密度が十分に高くなると水素の核融合反応が始まり、主系列星《しゅけいれつせい》になります（図1）。（→64ページ「恒星と太陽系の形成」）。

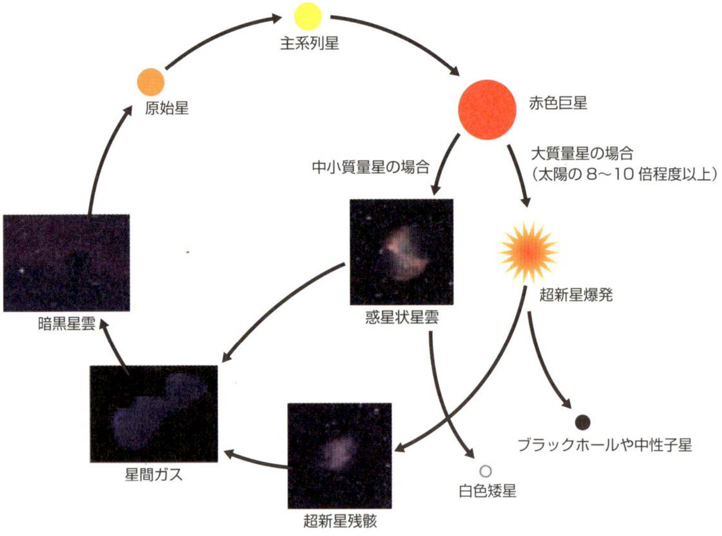

図1　宇宙での物質循環

恒星の進化

主系列星の中心部で水素がヘリウムに変わる核融合が長く続くと、やがて、中心部はヘリウムばかりになります。そうなるまでの時間は星の質量によって大きく異なります。太陽と同程度の質量の星では 100 億年ですが、太陽の2倍だと 13 億年、20 倍だと 1000 万年と重い星ほどずっと短い時間になります。逆に、質量が太陽の半分の星なら、1700 億年も続きます。

中心の水素がなくなると、星は何十倍にも膨張《ぼうちょう》して赤色巨星《せきしょくきょせい》になります（→ 56 ページ「HR 図と恒星の分類」）。このとき、星が十分に重ければ、やがて中心の温度・密度が増してヘリウムの核融合が起こり、炭素や酸素ができます。さらに重い星ならば、炭素や酸素も核融合を起こして、より重い元素が順番にできます。こうして、最も重い星の場合、最後には中心に鉄がたまります。

このように、長い時間の間に1つの恒星が別の種類に変化することを恒星の進化とよびます（図 2）。

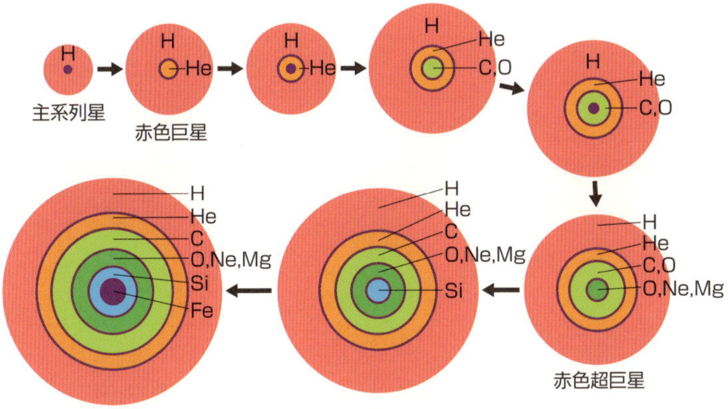

図 2　恒星の進化

中心で核融合が進み、中心の物質の種類とその温度密度がしだいに変わっていくと、異なった種類の恒星になる。十分に重い星ならば、この図の最後の段階まで達する。ピンク色で示した部分で核融合が起きる。段階ごとに、中心とその周囲とで交互に核融合が起こることがわかる。

核融合反応と超新星爆発《ちょうしんせいばくはつ》

核融合反応が起こるためには、大量の物質が十分に高温・高密度になる必要があります。その値は原子の種類によって異なり、一般には重い元素ほど、より高温・高密度となる必要があります。中心部で起こる核融合がしだいに変わっていくのは、このためです。

鉄より軽い元素の原子核は、核融合を起こすとエネルギーを放出しますが、鉄より重い元素では逆にエネルギーを吸収します。そのため、恒星の中心が鉄ばかりになると、核融合はそれ以上進まず、逆に鉄が核分裂して一気にエネルギーを吸収してしまいます。これによって、星全体が爆発する超新星爆発が起きます。

恒星の最期《さいご》

星の重さが太陽の８～10倍以上あると、中心にたまった鉄の原子核が最後には一気に核分裂して超新星爆発が起こります。飛び散ったガスと周囲に伝わった爆発の衝撃《しょうげき》によって超新星残骸《ざんがい》ができ、中心部にはブラックホールや中性子星《ちゅうせいしせい》が残ります。

これより軽い星だと、内部の温度密度の上昇が不十分なので鉄はできず、超新星爆発は起こりません。しかし、赤色巨星になるころには周囲にガスを噴《ふ》き出して、惑星《わくせい》状星雲ができ、中心には高温で密度が大きい恒星の芯《しん》が残ります。これが白色矮星《はくしょくわいせい》になります。

超新星残骸も惑星状星雲も長い時間の後には、広がって希薄《きはく》になり冷えて、やがて星間ガスへと還《かえ》ります。このように、宇宙の中で物質はさまざまな天体に姿形を変え、循環しているのです。

元素の合成

核融合反応は、ある元素の原子核が融合して、別の元素の原子核になる反応です。ビッグバンの直後には、水素からヘリウムが大量にできました。

恒星の内部でも核融合反応によって水素からヘリウムがつくられます。恒星の内部で起こる核融合では、それ以外にもさまざまな元素がつくられます。私たちの身のまわりにある物質を構成する元素も、過去に

恒星の内部の核融合で生じたものなのです。

さまざまな元素

宇宙にある元素の比率をみると、恒星内部での核融合反応の主流にふくまれる元素が多いことがわかります（図3）。それ以外の元素も、やはり、恒星の中でつくられたものですが、できる確率が低いので量が少ないのです。たとえば、鉄より重い原子核は、赤色巨星の中や超新星爆発の際に起こる原子核反応でできます。こうして、水素からウランまでのすべての元素が恒星の内部でつくられます（図4）。

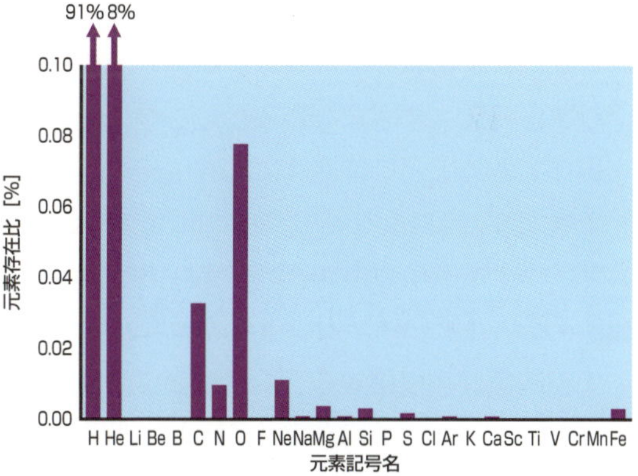

図3　元素の存在比率

恒星の内部で核融合が進むと宇宙全体ではしだいに水素が減り、ほかの元素が増えていくはずです。とはいえ、恒星ができてから星間ガスに戻るまでに使われる水素の割合はそれほど多くないことと、星間ガスから星間ガスまで1周するのに要する時間が長いことが理由で、今でも水素が宇宙でいちばん量の多い元素です。

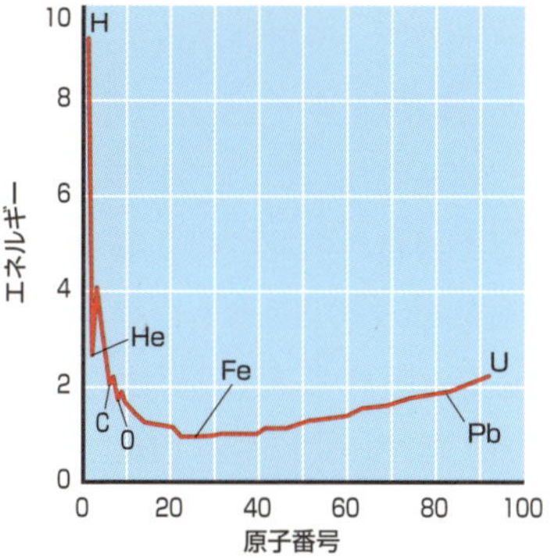

図4　原子核がもつ質量あたりのエネルギー

理科年表　天文部　「銀河系内の星雲」「宇宙赤外線」「宇宙電波」「宇宙の元素組成」、物理／化学部　「安定同位体」

16

恒星《こうせい》と太陽系の形成

―太陽や地球、恒星や惑星《わくせい》はどうやってできたの？―

宇宙のいろいろな場所で、今も暗黒星雲《あんこくせいうん》から恒星ができています。オリオン星雲やおうし座暗黒星雲が、そのような場所にあたります。恒星の形成とほぼ同時に、その周囲では惑星が形成されます。太陽系も同じような過程で46億年ほど前にできたと考えられています。

恒星の誕生

暗黒星雲のとくに濃《こ》い部分がみずからの重力で収縮すると、恒星ができます。しかし、その過程はそれほど単純ではありません。さまざまな現象が起こり、恒星ができるのとほぼ同時に周囲に惑星もできます。

暗黒星雲の収縮と原始星《げんしせい》

暗黒星雲が収縮すると、しだいに密度が増します。ガスは収縮すると熱をもちますが、収縮がゆっくりならば熱放射の形で周囲の宇宙空間に熱を捨てる時間があるので、温度はあまり上がらずにどんどん収縮します。しかし、重力の性質で収縮速度がしだいに増すのと、ガス密度が上がると冷えにくくなるという2つの効果で、やがて冷えきれずに、温度が高くなってきます。すると、ガスの圧力が増すため、中心では収縮が止まります。こうして輝き始めたのが原始星です。原始星ができても周囲からはしばらくガス

暗黒星雲の内部では、ガスがさまざまな方向にゆっくりと運動しています。

収縮されていくにつれて、内部でガスの衝突が起こり、しだいに全体の動きが平均化されます。

こうして最初の動きの平均として1方向への回転だけが残ります。全体が収縮して小さくなっているため、収縮前よりは回転速度はかなり速くなっています。

図1　暗黒星雲の収縮

が落ち続けるので、原始星は濃いガス雲《うん》にうもれた形で誕生します（図 1）。

暗黒星雲の運動と回転

暗黒星雲の内部ではガスはでたらめな方向に運動していますが、収縮すると互いにぶつかり、混じりあって全体として 1 つの運動をするようになります。でたらめな運動とはいっても、たいていは、全体としての偏《かたよ》りがあるので、それが 1 つの回転運動として残ります。こうして原始星ができるころには、全体として 1 方向に回転するようになります。その遠心力《えんしんりょく》の効果で、原始星周囲のガス雲はしだいに扁平《へんぺい》になり、最終的には円盤《えんばん》になります。

ガス円盤と双極ガス流

原始星の周囲にできた回転するガス円盤を、原始星ガス円盤といいます。ガス円盤中の物質は、内側と外側で公転速度が異なるため、摩擦が生じ、回転速度がおそくなるために内側は徐々に原始星へと落ちこんでいきます。このとき、原始星ガス円盤中の物質の一部は大きな運動エネルギーを得て、円盤と垂直方向に噴《ふ》き出すガスの流れをつくります。これを原始星双極ガス流といいます（図 2）。

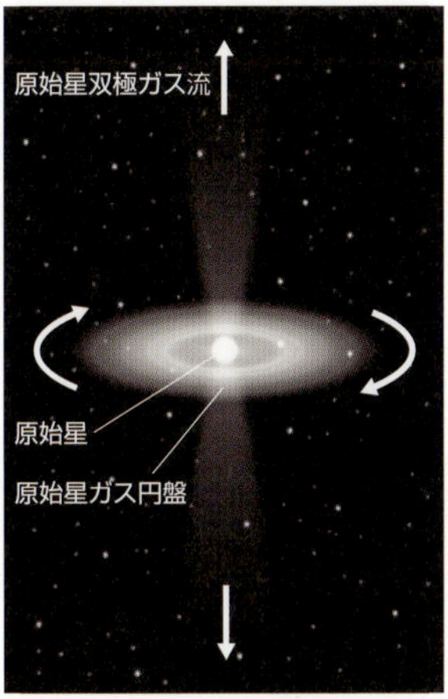

図 2　ガス円盤と双極ガス流

原始星のその後

質量が太陽の 0.08 倍より大きい原始星は、中心の温度・密度が十分に高くなり、水素の核融合が始まります。これによって生じた熱で星全体が温まり中心の圧力が増し、ガスの収縮が止まります。こうして、原始星は主系列星となり、中心部の水素があるかぎり輝き続けます。

それよりも質量が少しだけ軽い原始星では、水素の核融合は起こりませんが、重水素《じゅうすいそ》の核融合が起こります。これを褐色矮星《かっしょくわいせい》といいます（図 3）。

しかし、重水素は水素よりずっとわずかしかないので、主系列星にくらべるとずっと短期間で核融合が終わります。

褐色矮星より質量が軽いと、核融合がまったく起こりません。これを自由浮遊《ふゆう》惑星とよぶことがあります。褐色矮星や自由浮遊惑星は、つかの間の輝きを示した後はしだいに冷えていきます。

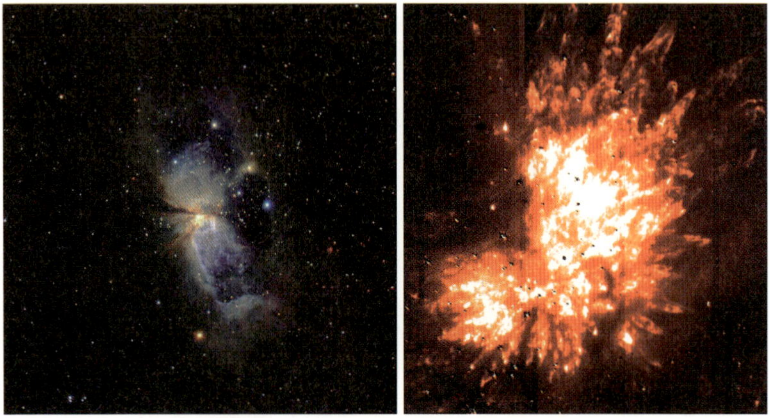

図 3　S106-IRS4 とオリオン KL 天体

S106-IRS4(左)では原始星に照らし出されたガス円盤がシルエット状に見え、その中心にはガスが噴《ふ》き出す穴が見える。オリオン KL 天体(右)は、太陽の 30 倍の質量の原始星ができつつあるところで、周囲にガスを噴き出している様子が見える。ともに赤外線での画像。

（提供：国立天文台ハワイ観測所（http://subarutelescope.org/））

惑星の誕生

恒星の周囲をめぐる惑星は、恒星とほぼ同時に、原始星ガス円盤からできると考えられています（図 4）。このため、実際に発見されるよりも前から、ほかの恒星の周囲にも太陽系のように惑星がめぐっていると予想されていました。

できあがる惑星の種類は、ガス円盤の密度や中心にある恒星からの距《きょ》離《り》によって異《こと》なると予想されています。これらは実際の太陽系の特徴と宇宙で起こるべき現象を組みあわせることで解明されました（→ 34 ページ「惑星の構造」参照）。

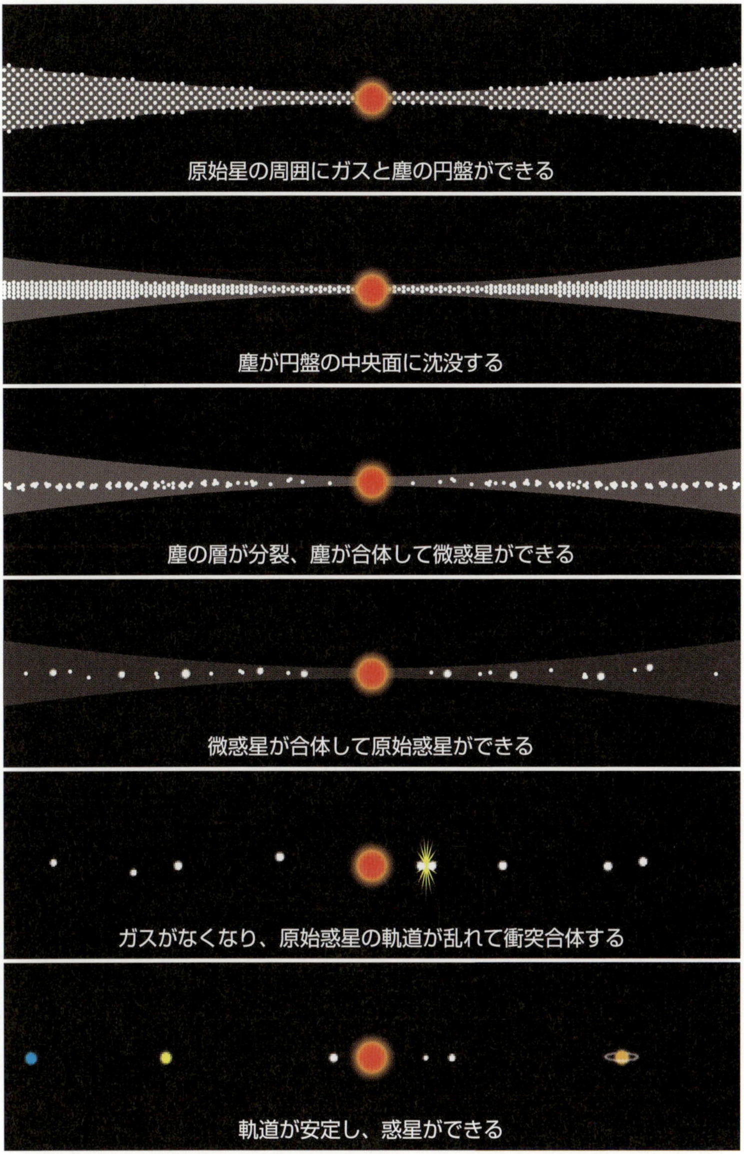
原始星の周囲にガスと塵の円盤ができる
塵が円盤の中央面に沈没する
塵の層が分裂、塵が合体して微惑星ができる
微惑星が合体して原始惑星ができる
ガスがなくなり、原始惑星の軌道が乱れて衝突合体する
軌道が安定し、惑星ができる

図４　太陽系やほかの惑星系のできかた

17 系外惑星《けいがいわくせい》を探して

—知的生命体の住む惑星は見つかるの？—

宇宙のどこかに「第 2 の地球」ともよべるような生命を育《はぐく》む惑星が存在するのでしょうか。太陽系外に存在する惑星を「系外惑星」とよびます。1995 年にペガスス座 51 番星という恒星《こうせい》のまわりを回る系外惑星が初めて見つかって以降、すでに系外惑星は 400 個以上見つかっていますが、まだ、生命の宿《やど》る惑星は見つかっていません。しかし、今世紀前半には酸素やオゾン、液体の水をもつような系外惑星が見つかるかもしれません。

系外惑星の探しかた① ドップラー法

宇宙を支配している力は、重力です。ニュートンの発見した万有引力の法則によると、すべての物体はお互いの質量の積《せき》に比例し、距離の 2 乗に反比例する力を相互におよぼしあっています。この力が引力（天文学では通常「重力」という言葉を使う）です。

目には見えない未知の惑星が恒星のまわりを公転しているとしましょう。恒星は惑星の重力によってかすかにゆさぶられ、地球に対して近づいたり遠ざかったりします。すると恒星が出す光の波長が、ドップラー効果によって周期的に変化します（図 1）。現

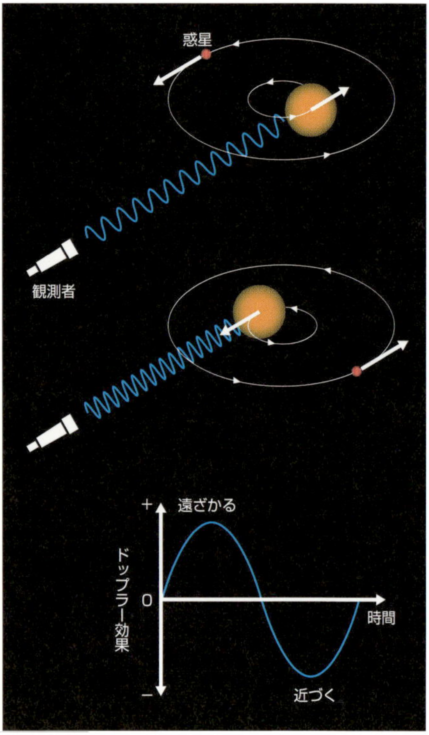

図 1　ドップラー法

在の最先端の観測装置では、恒星の運動を 1m/s 程度の精度で測ることができます。

系外惑星の探しかた② トランジット法

目には見えない惑星の公転軌道《きどう》が、たまたま恒星の前を横切っていると、惑星による恒星の食《しょく》が起こります。このとき、恒星が少しだけ暗くなって見えます。かりに木星サイズの惑星が、太陽サイズの恒星の前を横切るとすると、1% ほど明るさが暗くなって見えるため、太陽系外惑星を探すことができます（図 2）。

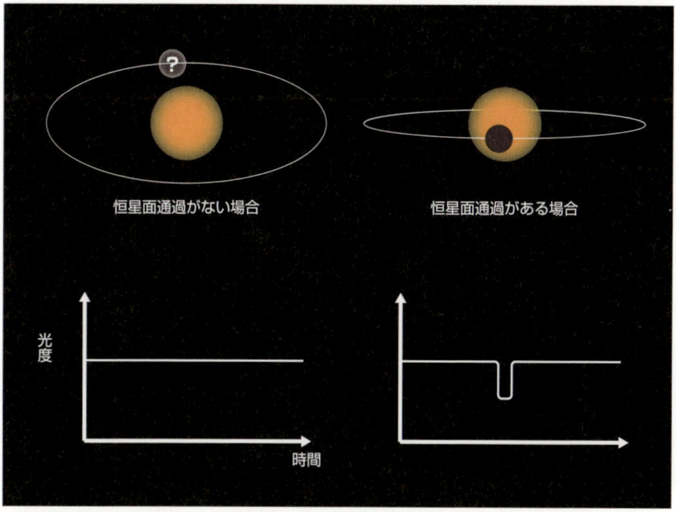

図 2 トランジット法

系外惑星のすがた

今までに見つかった系外惑星の性質を調べると、木星のような大型惑星が恒星のすぐ近くを公転していたり、惑星の軌道が彗星《すいせい》のように大きくゆがんだ楕円《だえん》軌道だったりと、太陽系とはまったく異なる惑星系が数多く存在することがわかってきました（図 3）。私たちの太陽系は宇宙の中で特異《とくい》な存在なのか、平均的な存在なのかは、まだまだサンプル数が足りなくてわかっていません。

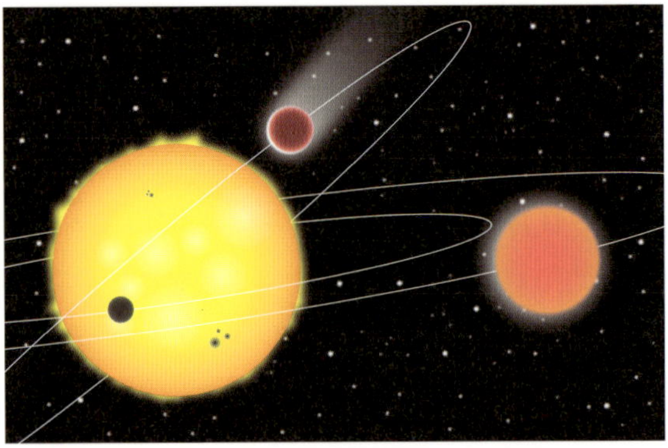

図３　ホットジュピターのイメージ図

恒星のすぐそばを数日の周期で公転する巨大惑星（ホットジュピター）の想像図。太陽系には存在しないタイプだが、太陽系外には数多く発見されている。

系外惑星の直接撮像《さつぞう》

中心の恒星に対して、そのまわりを公転している系外惑星はとても暗いため、そのすがたを直接写し出すことは困難《こんなん》でした。しかし、2008 年にカナダ・アメリカのチームが口径 10 メートルのケック望遠鏡と口径 8 メートルのジェミニ北望遠鏡を用いてペガスス座の恒星 HR8799 のまわりに３

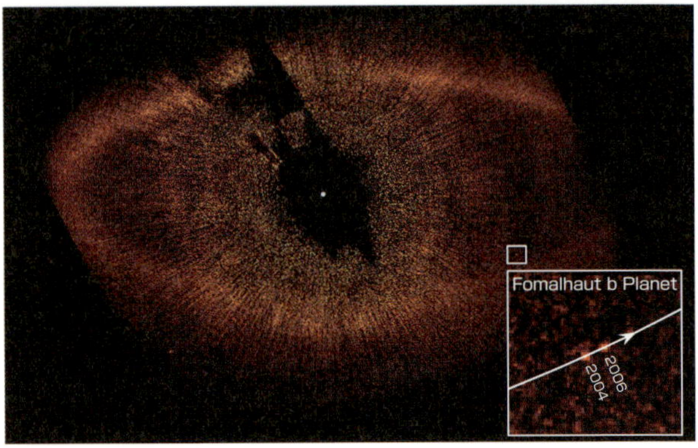

図４　ハッブル宇宙望遠鏡　フォーマルハウトの惑星を撮影（2008 年）

（提供：NASA, ESA, P. Kalas and J. Graham（University of California, Berkeley) and M. Clampin（NASA/GSFC））

つの惑星の撮像に成功しました。同じころ、NASA のハッブル宇宙望遠鏡もみなみのうお座の 1 等星フォーマルハウトのまわりを回る系外惑星を撮像しました（図4）。

国立天文台のすばる望遠鏡でも 2009 年、こと座の方向、地球から 50 光年離れた GJ758 という太陽に似た恒星のまわりを公転する系外惑星の直接撮像に成功しています（図5）。図で真ん中の部分には恒星がありますが、コロナグラフという特殊《とくしゅ》な光学系を用いることで、明るい恒星を隠《かく》して、そのまわりにある暗い天体を撮像しています。

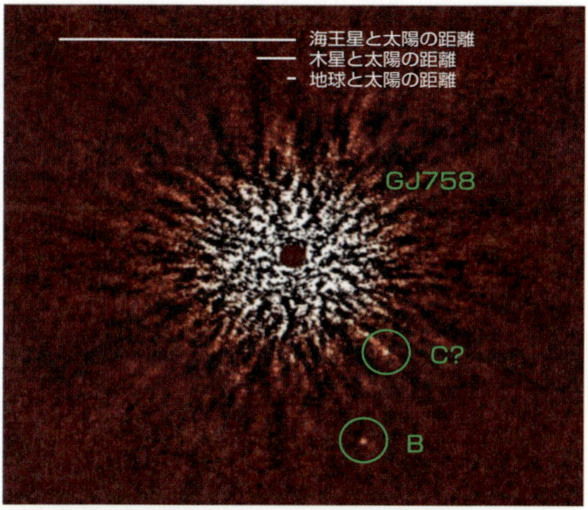

図 5　すばる望遠鏡　GJ758 の惑星を撮影（2009 年）
（提供：NAOJ）

知的生命体の住む惑星を探して

地球や火星のように岩石でできた惑星を地球型惑星とよびます。地球以外の天体で知的生命体が住んでいるとしたら、豊富な液体の水（海）や酸素やオゾンなどの大気におおわれた地球型惑星がまずは候補《こうほ》です。中心の恒星に近すぎると水は蒸発してしまいますし、遠すぎると温度が低すぎて氷になってしまいます。恒星からの距離がちょうどよく、液体のまま水が存在できる領域をハビタブルゾーンとよびます。ハビタブルゾーンに存在する地球型惑星を探し出し、その大気の温度や組成を調べようと、近い将来、専用望遠鏡が打ち上げられるかもしれません。

18 地球の形

―本当は丸くない？　でこぼこの星？―

宇宙に浮かぶ地球は美しい球形をしています。月も惑星《わくせい》も太陽も、みなきれいな球体です。厳密《げんみつ》にみると、地球は赤道方向にややふくらんだ形をしています。さらに地表には凹凸《おうとつ》があり、陸と海の２段の平面が見られます。

地球はどうして丸いの？

宇宙に浮かぶ地球は丸い形（球）をしています（図 1）。太陽も惑星も月も、みんな丸い形です。太陽や惑星のように大きな物体は、その強い重力で突き出した部分を沈ませ、その分がへこんだ部分を押し上げます。こうして長い間に、大きな物体は球形になってしま

図 1　月周回衛星「かぐや」から見た地球（提供：JAXA）

図 2　太陽系のさまざまな天体たち

惑星や月はすべて丸い形だが、小惑星のように小さな天体は丸くなっていないことがわかる。（提供：JAXA・NASA）

うのです（図 2）。

大半の小惑星など小さな天体は重力も弱く、岩石を変形させてまで球形になることはできません。2006 年に定められた「惑星の定義」にも、十分な質量をもち自己の重力で丸くなっていることが惑星の条件の 1 つになっています（→ 33 ページ参照）。丸いということは立派なことなのです。

楕円《だえん》体の地球

地球はほぼ球形ですが、厳密にはほんの少しだけ赤道方向にふくらんだ楕円体という形をしています（図 3）。これは地球の自転により、赤道方向がふくらむように遠心力がかかるからです。ただしこの差は小さく、直径 1 m の地球儀で 3.4 mm の差しかありません。土星は地球より自転が速く、約 10 時間で 1 周します。しかも地球の 9 倍も大きいため、赤道部分は地球の 20 倍以上の速度で自転することになり、それだけ強い遠心力を受けます。このため土星は、地球よりずっと横にふくらんだ形をしています。

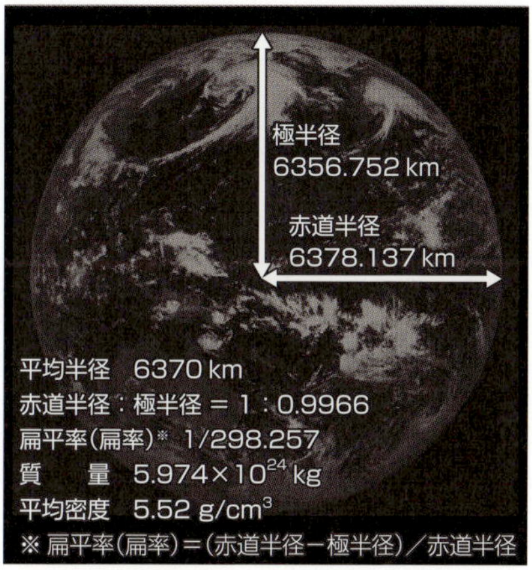

図 3　地球の諸データ（画像はひまわり 5 号）
（提供：JAXA）

地球は球から少しずれた楕円体であるため、思わぬことが生じます。「まっすぐ下に掘れば、いつかは地球の中心に届く」そう信じていませんか？ 地球は楕円体なので、地表に垂直な方向は必ずしも地球の中心を通りません。さらに、重力の大きさも場所によってわずかに異なります。自転による遠心力が極付近では、ほとんどかからないのと、極付近のほうが赤道より地球の中心に近いため、赤道付近の重力に比べて 0.5％ほど大きくるのです。

陸と海、地表の凹凸《おうとつ》

地表は陸と海に大きく分けられます。地表の約３割が陸地で、その大半が北半球に集まっています。最も陸の面積が大きくなるようにした半球を陸半球《りくはんきゅう》といい、全陸地の 84%がふくまれます（それでも陸：海＝ 49：51）。その裏側は水半球《すいはんきゅう》といい、陸：海＝ 10：90 と圧倒的に海の面積がしめます（図４）。

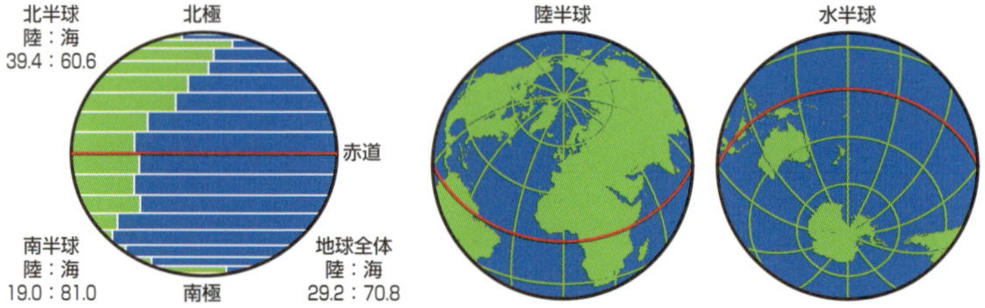

図４　緯度別にみた陸海の比、および陸半球と水半球

地表面を高度別に分類して面積を集計すると、図５のようになります。陸上と深海底の２ヵ所に広い面積が集中し、２段の段差のある地形が明《めい》瞭《りょう》に生じています。山岳地帯のように高く突き出したり、海溝のように深くくぼんだ場所は、地球全体でみるとほんのわずかでしかありません。

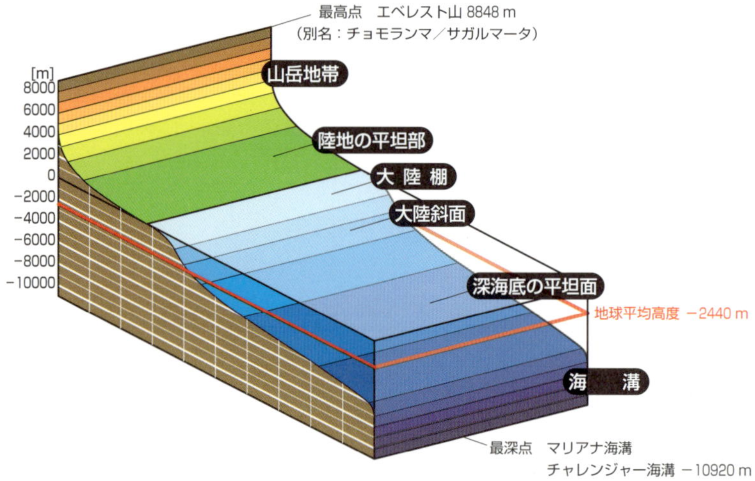

図５　地表の高度別面積比を表した図

面積が少ない部分は急斜面で表される。

地形の凹凸はどうやって測る？

陸上の地形の凹凸を調べるには、水《すい》準《じゅん》測量《そくりょう》という作業を行います。街中で測量作業をしている光景を目にしたことはありませんか？ あれは、地上の基準点からどれだけ上下にずれたかを厳密《げんみつ》に測定する作業です。この基準は、ふつうは平均海面（日本だと東京湾平均海面）をゼロとするので、海抜《かいばつ》高度ともいいます。

最近では、航空機からレーザー光を発し、地表に反射して戻ってきたレーザー光を受信して地上の凹凸を測る方法が普及してきました。また人工衛星からの観測も試みられていますが、精度のうえでは地道な水準測量にまだ軍配が上がるようです。

海底の凹凸については、かつては船からおもりを降ろして水深を測る方法しかありませんでした。その後、音響を発し、海底で反射した音をキャッチして、時間差から測定する方法が確立します（図 6）。これは地上の航空レーザー測量と同じ手法です。最近ではマルチビームといって扇《おうぎ》形に鋭《するど》い音波ビームを発射することで、海底地形を一度に幅広く精密に観測できるようになっています。

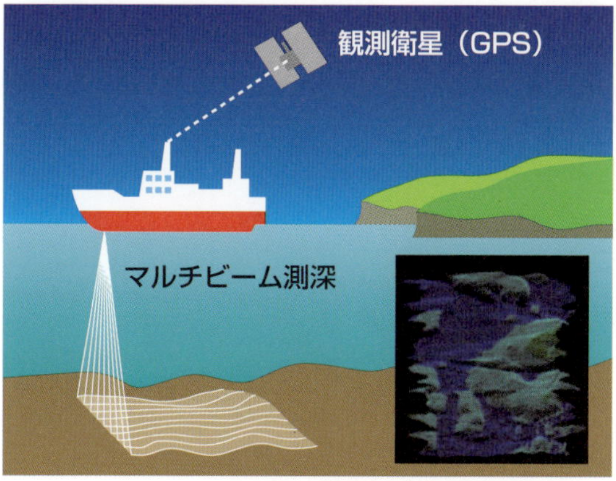

図 6　マルチビームを用いた水深の計測
（提供：海上保安庁）

19

地球の中の様子

―岩石でできた星の奥底にはなにがあるの？―

見ることのできない地球内部は、地震波《じしんは》を用いて調べます。それによると、地球はゆで卵のような同心円（球）構造をしています。地殻《ちかく》とマントルの岩石領域の下には重い鉄の領域があり、さらに液体鉄の領域と固体鉄の領域があります。

地球の中は地震波で調べる

地球はなにでできているのでしょう。地表には岩石や土砂が見られますが、中心部まで見ることはできません。掘《ほ》り進もうにも地球はあまりにも大きい存在です。現在、最も深く掘った場所はロシアのコラ半島にあり、深さは地表から 12 km あまり。地球半径の 500 分の 1 しかありません。

そこで、地球の内部を調べるのに地震波を利用します。地震は、岩盤に力が加わり続け、ついに破壊する現象で、その衝撃《しょうげき》が振動《しんどう》となって四方八方に伝わっていくのが地震波です。この地震波を観測して、地球の内部を知るのです。

ちょうど、スイカをたたいて中を推測するのと似ています。

地震波を地震計で調べると（→ 102 ページ参照）、最初に細かなゆ

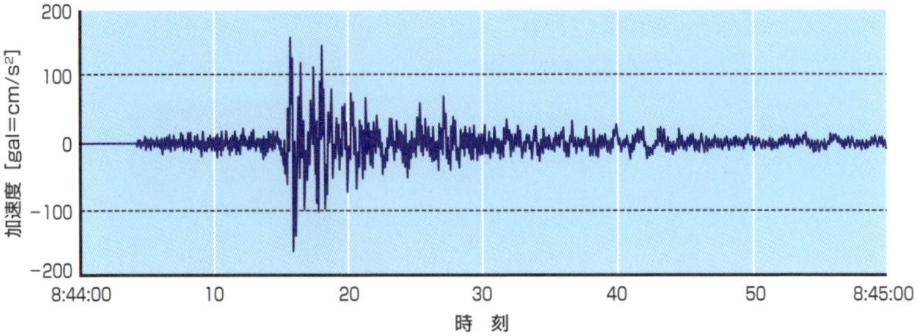

図 1　2008年 6月 14日　岩手・宮城内陸地震の仙台空港における地震波形（加速度記録・東西成分）　（提供：気象庁）

れが、つぎに振《ふ》れ幅《はば》の大きなゆれがやってくることがわかります（図 1）。これは、速度のちがう２つの波がやってきたからです。先に着いた波をＰ波、少しおくれて着いた波をＳ波といいます。

Ｐ波・Ｓ波とも、均一な物質を伝わる場合、その速度は一定です。もし地球内部の物質が均質だと、地震波が震源を出発して観測地へ達するのに要する時間は、震源から観測地までの距離に比例して、それぞれ長くなっていきます（図 2）。

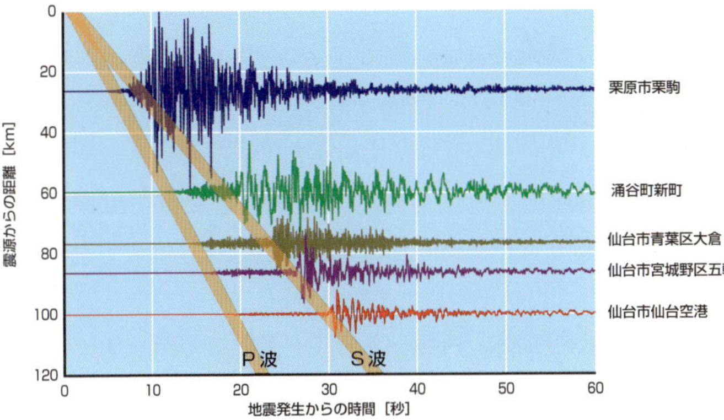

図 2　岩手・宮城内陸地震の地震波形（加速度・東西成分）と震源距離
（提供：気象庁）

ところが震源から遠く離れると、この関係がわずかに狂《くる》います。遠方の観測点では、Ｐ波・Ｓ波の速度から推定される時刻より少し前にゆれ始めます。これは、地震波が通過してきた地球内部に、地震波が速くなる場所があることを意味します。

20 世紀の初め、地震学者モホロビチッチはこのことを発見し、地球の内部には地表とは異なる物質でできた領域があり、地表側とは明瞭《めいりょう》な

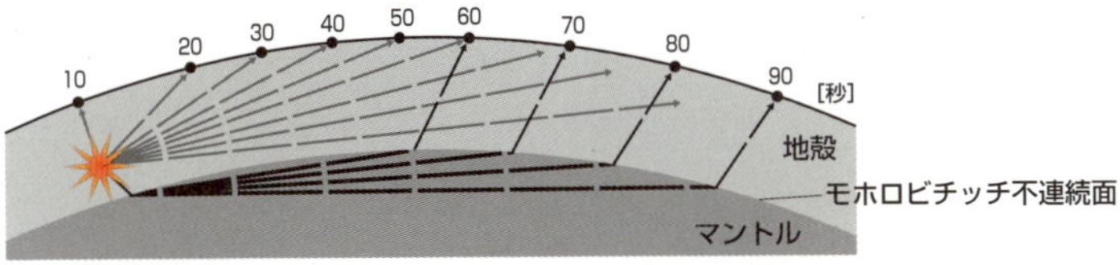

図 3　遠方に達する地震波の経路
遠方では想定よりも速く、マントルを経由した地震波が到達する。

境界で区切られていると発表しました。この境界をモホロビチッチ不連《ふれん》続面《ぞくめん》といい、これより上を地殻、下をマントルとよびます。マントルは地殻よりもずっと重い岩石でできていて、地震波をより速く伝えることができるのです（図 3）。

地下に存在した液体の領域

地震波が地球内部の構造を知る有力な手段だとわかると、多くの学者が地震波の解析に取り組み、マントルのさらに内部についても明らかにしていきました。地球全域に達するような地震波を世界中で調べると、S 波はほぼ震源を中心とした半球のみ伝わり、反対側（正確には震源から中心角 105°～ 180°の領域）には伝わりません。一方、P 波は震源の裏側には届くものの、そこを中心にドーナツ状に波の届かない領域があることがわかりました。それぞれの地震波が届かない領域をシャドーゾーンといいます（図 4）。

じつは S 波には、固体中のみを伝達し、液体中は伝わらないという性質があります。S 波が震源の反対側の半球に到達しないのは、地球の中心部に S 波の進入をこばむ物質、つまり液体でできた領域が存在するからといえます。この領域は、あらゆる向きの S 波伝播《でんぱ》経路を調べた結果、地球の中心に存在し、地球半径の約半分（3500 km）の半径の球体であることがわかりました。

一方、P 波の伝播経路からは、この液体領域に入るときと出るときに、P 波が大きく屈折《くっせつ》していることが推測できます。この折れ曲がり方から、内部の液体領域は外側のマントルとは物質や密度などがまったく異

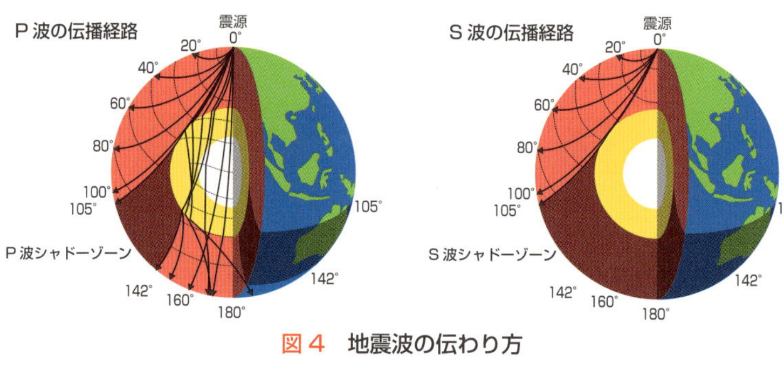

図 4　地震波の伝わり方

なる、鉄を主とした金属素材でできていることがわかりました。地球の中心部には、融けた鉄でできた大きな領域が存在したのです。これを核といいます。

さらに地震波の精密な調査を続けると、液体の鉄のさらに内側に、固体の鉄の塊《かたまり》が球状に入っていることがわかりました。そこで、最も中心部に存在する固体鉄の領域を内核《ないかく》、その外側に存在する液体鉄の領域を外核《がいかく》といいます。

明らかになった地球の内部構造

こうして明らかになった地球内部は、地殻《ちかく》・マントル・核というゆで卵のような同心円（球）の構造をしていました（図 5）。地殻は大陸と海洋で厚みが異なります。大陸はおもに花コウ岩などでできた 30～40 km もの厚い地殻でできていますが、深海底にはおもに玄武岩などでできた 5～10 km のうすい地殻しかありません。

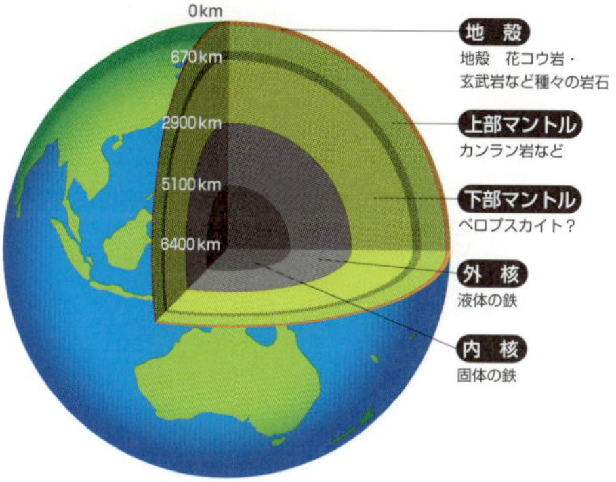

図 5　地球の内部構造

その下のマントルは、2900 km もの厚みをもつ岩石の領域です。深さ 670 km 付近を境に、おもにカンラン岩でできているとされる上部マントルと、地上には存在しない非常に高密度の岩石だろうと推定される下部マントルに区分されます。マントルの下は金属の領域で、マントルとは明瞭《めいりょう》な境界で区切られます。ほぼ鉄でできた（数%のニッケルをふくむ）核は、液体の外核と、固体の内核に分かれます。

最近では、地震波を用いたさらに詳細な内部構造探査が進んでいます。すると、同心円（球）構造で一様と考えられていたマントルにも、場所によって物質的なむらがあることがわかってきました。直接目にすることのできない地球内部も、研究者たちのたゆまぬ努力により、少しずつその姿が明らかになってきたのです。

理科年表　地学部　「地殻とマントルの主成分組成」「地震関係公式諸表」ほか

20 地磁気《ちじき》

―地球はどうして磁石なの？―

地球は大きな磁石です。地球内部の液体の鉄が流動することで磁力が生じます。地磁気は地球を包み、太陽からのプラズマ粒子《りゅうし》が地球に侵入《しんにゅう》するのを防いでいます。この粒子が大気を光らせたのがオーロラです。

地球は磁石である

方位磁石を知っていますか？ 方位磁石は磁石の針が自由に回れるようにしたもので、どこでもN極が北を示します。これは地球が大きな磁石であり、その磁場《じば》が地球を包んでいるからです。これを地磁気といいます。地球が大きな磁石であることは古くから知られ、航海の際には方角を知る羅針盤《らしんばん》として利用されました（図1）。

地球上のどこでもN極が北を指すことから、地球の磁場は（図2）のようになっていると考えられます。なお、実際には方位磁石のN極が指す向きは完全な真北ではなく、日本では6～7°西にずれます（この角を偏角といいます）。地磁気の北極・南極は、地球の自転軸のある北極点・南極点から少しずれているのです。

方位磁石

船の羅針盤

図1　方位磁石

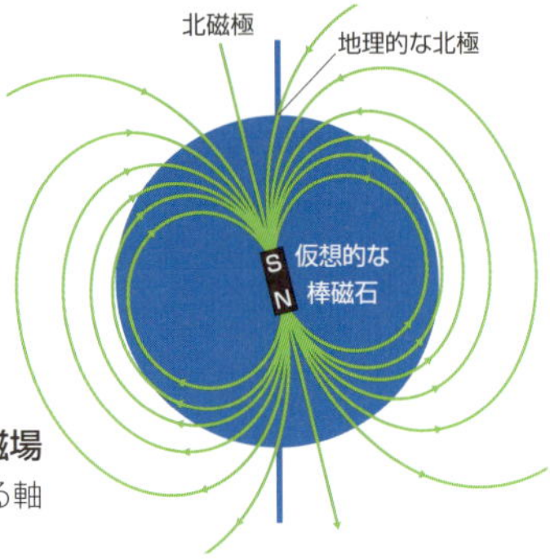

図2　地球の磁場

実際の地磁気は、棒磁石がつくる軸対称の磁界とも少しずれている。

地磁気の向きは、偏角《へんかく》と伏角《ふっかく》という2つの角度で表します（図3）。方位磁石のN極が示す向きを磁北といい、これと真北（北極点の向き）との角が偏角です。さらに、本当の地磁気の向きは必ずしも磁石が回る水平面内とは限らず、北半球ではたいていN極が水平面から下に傾きます。この角度を伏角といい、この2つの角度で地磁気の向きを示します。

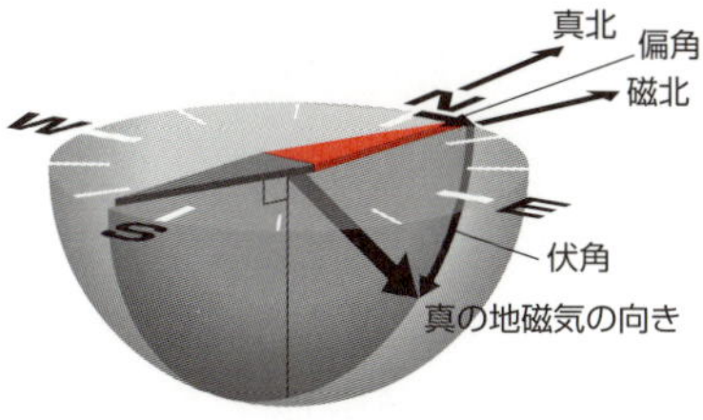

図3　地磁気の向き

磁力の強さも重要なデータです。真の地磁気の向きに磁力の強さを測ったものを全磁力といいますが、全磁力の水平分力（水平面で磁北の向きに測った磁力の強さ）のほうが測定しやすく、その場合には水平分力と伏角から全磁力を計算します。全磁力は地磁気の極に近いところほど強くなっています。

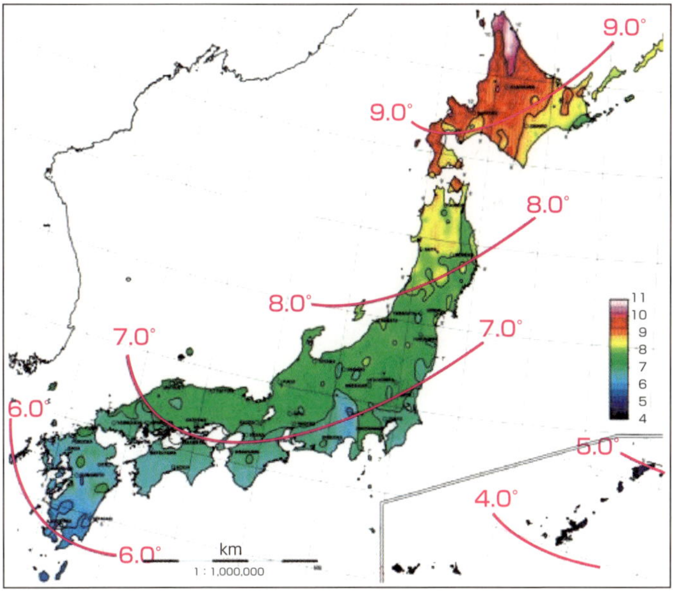

図4　偏角の分布

日本では全国的に数度西にずれる。高緯度ほど大きくなる。（提供：国土地理院）

地磁気の向きや強さは徐々《じょじょ》に変化する

地磁気の向きや強さは、ゆっくりと変化しています（図 5）。地磁気の北極・南極はゆっくりと移動し、それもあって各地の偏角や地磁気の強さ（全磁力）なども少しずつ変化しています。日本付近では 1800 年ごろを境に、偏角が東に振《ふ》れていたのが西に振れるようになりました。

一方、地磁気の強さはここ数百年の間ほぼ一定の割合で弱くなっています。この傾向が続くと、あと 1000 年で地磁気の強さはゼロになってしまいそうです（図 6）。

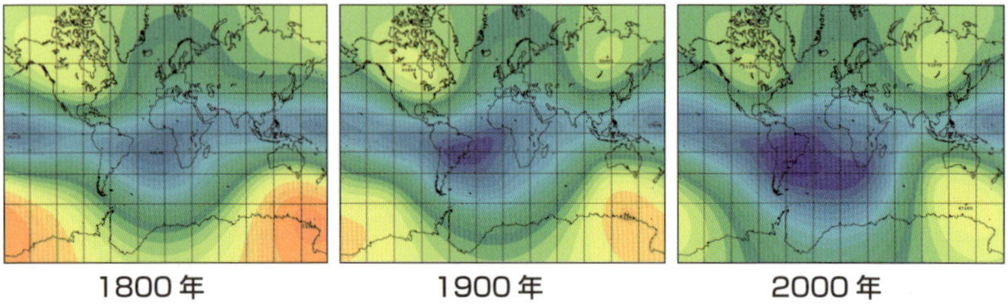

図 5　全磁力の強度の変化

カナダ北部にあった地磁気の極が弱まり、シベリアに偽《にせ》の磁極が出現しつつある。日本ではこの極に引かれて偏角が西に振《ふ》れ始めた。全体的に磁力が弱まっており、赤道付近の弱い部分が拡大している。（提供：京都大学大学院理学研究科附属地磁気世界資料解析センター）

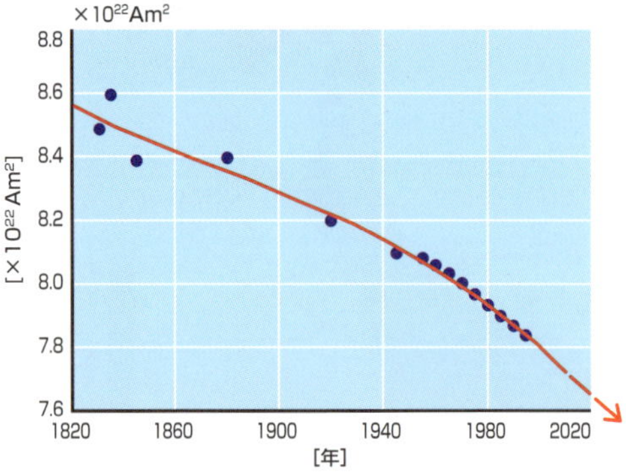

図 6　地球磁場を棒磁石のつくる磁場としたときの、磁力の大きさの変化

最近100年間は磁力の減少が顕著《けんちょ》。この傾向が続くと、あと1000年で磁力が消失してしまうかも。（提供：気象庁地磁気観測所）

何度も逆転した過去の地磁気

地磁気が消失するなんてこと、本当にあるのでしょうか？　その後はどうなってしまうのでしょう？　じつは、過去に地磁気が逆転する現象が何度もあったことがわかっています。古い溶岩《ようがん》を調べると、冷えて固まったときの地磁気を記録していることがあります。そこから過去の地磁気の向きを調べると、N 極が南を指していた時代が次々と見つかったのです。

右図は、地磁気の向きが現在と同じ時代を正、反対を逆とし、正の時代を黒くぬった年表です。これを見ると、過去 500 万年の間に数十回の逆転があったことになります。地磁気が逆転することはなにも特別なことではなく、そしてその境目では、地磁気がかぎりなく弱くなってしまうと考えられています。

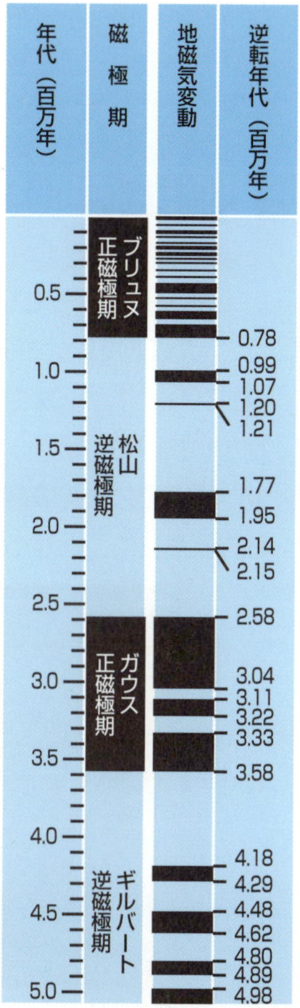

図 7　過去 500 万年の地磁気の変動

地磁気が生じるしくみ

このように、強さや向きが少しずつ変動し、長い間には N 極と S 極が入れかわったりもする、そんな磁石はあるのでしょうか？　永久磁石だと磁力の強さや向きは変わらないので、これではありません。むしろ、電流の量を調整して磁石の強さを変えたり、電流の向きで N 極と S 極が交換できる、電磁石のしくみと似ています。

地磁気は、融《と》けた鉄で満たされた外核で生じます。液体の鉄が渦《うず》をまくように流れると、電流が流れるのと同じ状態となり、渦の流れがコイルの役割を果たして磁場を発生します（図 8）。この流れのくわしいしくみはまだわ

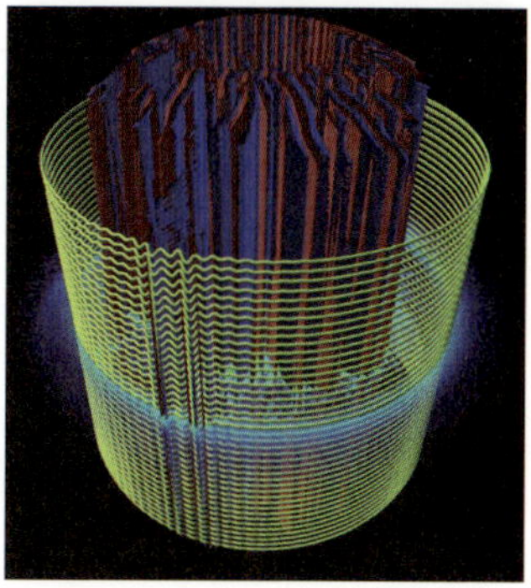

図 8　スーパーコンピュータを用いた外核の鉄の流れのシミュレーション
（提供：JAMSTEC　地球シミュレータ）

かっていませんが、ちょうど自転車でライトを光らせる発電機（ダイナモ）のように、回転運動が電流と磁場を生み出すので、これを「地磁気ダイナモ」といいます。

地磁気は地球のバリア

地磁気は地球の約 10 倍の範囲まで広がり、これを地球の磁気圏《じきけん》といいます。その外側は、太陽から流れ出したプラズマ粒子が高速で吹き付けており、地球磁気圏の形をゆがませています（図 9）。地磁気がないと、プラズマ粒子《りゅうし》が地球の大気に絶え間なく衝突《しょうとつ》し、大気は徐々にはぎ取られてしまうでしょう。地磁気は地球を守るバリアなのです。ときには、太陽表面で起きた爆発現象（フレア）でプラズマ粒子が大量に放出され、地磁気を乱すことがあります。これを磁気嵐といいます。

図 9　太陽風により変形される地球の磁気圏

地磁気がつくるオーロラ

オーロラは極地方の夜空を彩る美しい光の帯です。オーロラは、太陽からのプラズマ粒子が地球の大気に衝突して光る現象です（図 10、11）。

地磁気のバリアには、磁極のある付近にわずかなすきまがあります。ここから入りこんだプラズマ粒子は、地磁気の影響を受けながら大気圏に突入し、大気上層の酸素や窒素に衝突します。衝突された分子や原子は緑色や赤色に発光し、これがオーロラとなるのです。

太陽活動は約 11 年周期で変動しています。太陽活動が活発になり、

図 10　地上からみたオーロラ（カナダ・イエローナイフにて）

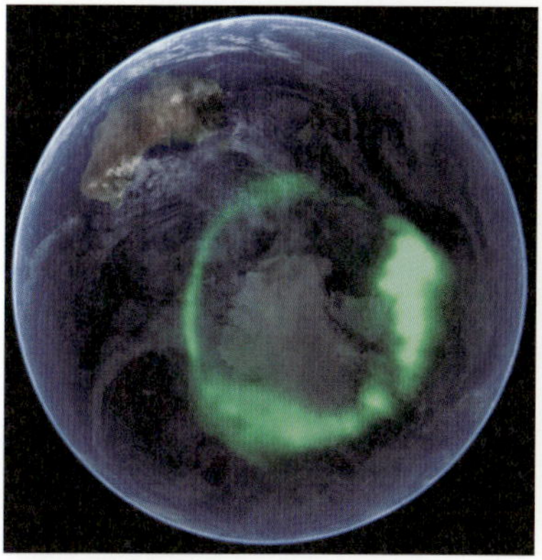

図11　北極周辺に現れたオーロラ

（提供：NASA）

図12　木星の極に現れたオーロラ

（提供：NASA/CXC/SwRI/R. Gladstone et al., NASA/ESA/Hubble Heritage（AURA/STScI）

プラズマ粒子が多く飛んでくる時期は、オーロラも頻繁《ひんぱん》に出現します。

地球と同じように磁気圏をもつ木星や土星といった巨大惑星では、両極の周辺にオーロラがときどき出現し、それは地球に現れるものとよく似ています（図 12）。ただし、太陽からのプラズマ粒子のほかに、木星や土星を回る大きな衛星もプラズマ粒子を放出し、それらが惑星の磁気圏に捕《と》らえられたもののようです。

21 地球をつくる岩石と鉱物《こうぶつ》

―私たちの地球はなにでできているのだろう？―

鉄でできた核をのぞくと、地球は岩石でできています。岩石には多くの鉱物がふくまれ、鉱物は原子が規則正しく配列した結晶です。岩石におもにふくまれる鉱物には、成分や構造に共通の特徴があります。

岩石・鉱物・原子

地表は岩石でできています。山や崖《がけ》を見れば、そこが岩石でできていることがわかります。まずこの岩石をよく観察してみましょう。

右の写真は「花コウ岩」とよばれるごくふつうの岩石で、これには白や黒の小さな粒がたくさんふくまれています（図 1）。この小さな粒を「鉱物」といいます。同じ鉱物どうしは、色も形もよく似ています。

鉱物は、天然にできた結晶です。そして結晶とは「特定の原子が規則正しく配列した固体」です。食塩やミョウバンの結晶を実験でつくったことがある人もいるでしょう。岩石の中にふくまれる鉱物も同じく、決まった原子が規則正しく配列することでできているのです。

図 1　正長石《せいちょうせき》の結晶構造

コラム　「宝石も鉱物」

大粒の透き通った結晶はとても美しく、その美しいすがたから宝石となるものもあります。鉱物を宝石に加工するには、傷のないところを切り出し、決められた形にカットし、表面をよく磨《みが》きます。鉱物の中を光がどう進み、どんな角度で屈折《くっせつ》や反射をするか、緻密《ちみつ》な計算のもとに形が決められています。

鉱物が宝石となるには、美しさのほかに「硬《かた》さ」も重要です。鉱物どうしがこすれあうと、軟《やわ》らかいほうに傷がつきます。空気中には細かい砂ぼこりが浮かんでいて、この中には硬度《こうど》7の石英粒子《せきえいりゅうし》がたくさんふくまれます。そのため、硬度7より軟らかい鉱物を空気中にさらしておくと、浮遊《ふゆう》する石英粒子によって傷つけられ、表面がくもってしまいます。真珠《しんじゅ》（硬度3）のように硬度の低い宝石はとくに、傷がつかないよう大事に保管しなければいけません。

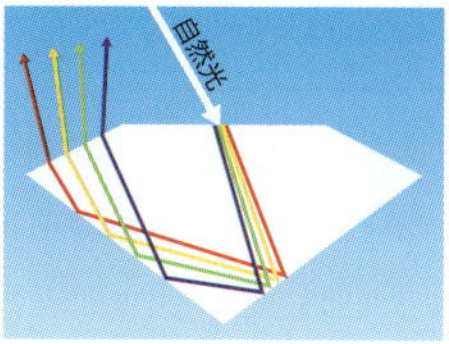

ダイヤモンドの光の屈折

見る角度によって色彩が変わるよう、角度が計算されている。

真珠(硬度 3)

アメジスト(硬度 7)

ルビー(硬度 9)

ダイヤモンド(硬度10)

ケイ酸塩鉱物

図 1 の鉱物の結晶構造を見ると、原子やイオンを表す球のほかに、正四面体がたくさん連なっています。これは、ケイ素原子のまわりに酸素原子が４つ、正四面体になるように取り囲んだものです（図 2、3）。このケイ素・酸素の四面体を基本構造としてもつ鉱物グループを、ケイ酸塩鉱物といいます。

地表の岩石はほぼケイ酸塩鉱物でできています。ケイ素・酸素の四面体は多数つながり、さらに金属イオンなどが組みあわさって、多様な鉱物ができあがります。

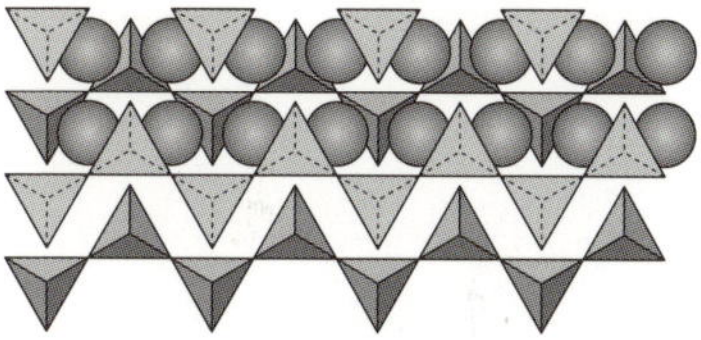

図 2　輝石《きせき》（ケイ酸塩鉱物）の結晶構造

上は陽イオンもふくめて描いたもの。ケイ素・酸素の四面体が鎖《くさり》をつくり、その鎖どうしを陽イオンが接着する。下は四面体のつながりだけを示したもの。四面体の角に酸素が、中央にケイ素が存在する。

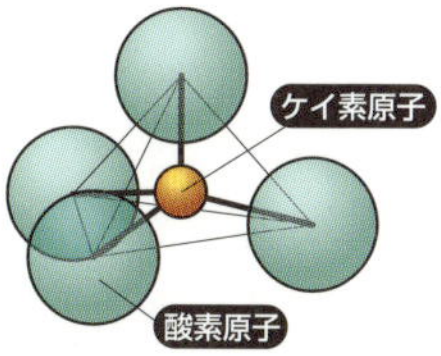

図 3　ケイ素・酸素の正四面体構造

岩石・鉱物はマグマからできる

地表の岩石はどのようにしてできるのでしょう。地球はもともと岩石の星なのですが、実際に目の前で岩石がつくられる現場があります。それは、火山から噴《ふ》き出した溶岩《ようがん》です。マグマは岩石が地下深くで融《と》けたもので、冷えて固まると岩石になります（図4）。このような岩石をくわしく調べると、マグマからどのようにして岩石になったかがわかります。

火山岩（安山岩《あんざんがん》）

深成岩《しんせいがん》（花コウ岩）

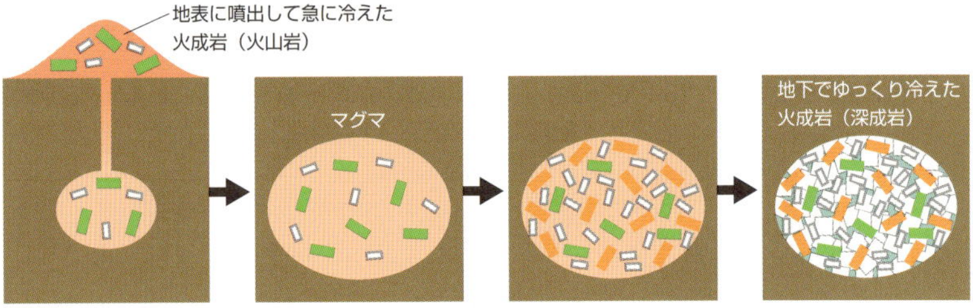

図4　岩石ができるまで

地下で生じたマグマは、地表に向かって上昇するにつれ、徐々《じょじょ》に冷えてきます。すると、ちょうど食塩水から食塩の結晶が析出《せきしゅつ》するように、マグマ中に鉱物の小さな結晶ができます。時間が十分にあると、この結晶は大きく成長します。ざらざらと粒が混じったねばりのある液体を想像してください。

ところが、こうしたマグマが地表に噴出すると、数百℃もあったマグマは一気に冷えてしまいます。こんな速さでは結晶はほとんど成長できません。すでにマグマ中で完成していた大粒の鉱物以外はほとんどきわめて小さな粒ばかりになります（火山岩）。一方、マグマが地上に噴出しないで地下でゆっくり冷えて固まると、大粒の鉱物がぎっしりつまった岩石となります（深成岩）。

さまざまな岩石

地上にはほかにもさまざまな岩石があります。広い河原や海岸で、いろんな石を探してみましょう。砂粒や小石でできた石、化石をふくむ石、圧力を受けて押しつぶされた石などもあります。しかし、岩石を構成する鉱物には共通のものがたくさん存在します(図5)。

砂岩

レキ岩

石灰岩《せっかいがん》

緑色片岩《りょくしょくへんがん》

図5　さまざまな岩石

地殻《ちかく》の下のマントルへはまだ到達できていませんが、そこには地表とはちがった岩石が存在するはずです。おそらく、カンラン石や輝石《きせき》という鉱物が集まった岩石であることが、マグマとともに上昇した岩石の研究からわかっています。また､赤い宝石となるザクロ石（ガーネット）もふくまれるようです。地球の内部はとても美しい世界なのですね。

カンラン岩

地球外の天体は、地球では見られない特殊《とくしゅ》な岩石・鉱物でできているのでしょうか。そうではありません。アポロ計画で月からもち帰った石は、地球の玄武岩《げんぶがん》という岩石によく似ていて、ふくまれる鉱物も地球でおなじみのものばかりだったのです。火星表面の探査で得られた火星の岩石も、地球の玄武岩とほとんど同じでした。

宇宙空間から地球に落下する隕石《いんせき》も、ふくまれる鉱物の種類は地球の岩石に見られるものばかりです。つまり地球の岩石や鉱物は、太陽系にどこにでもある共通のものだったのです。地球に戻ってきた探査機はやぶさのカプセルに小惑星イトカワのかけらが入っていたならば、それは私たちがよく知っている岩石や鉱物なのでしょうか？　それとも？

22 プレートテクトニクス

―プレートが動くことは、どうやってわかったのだろう？―

ウェゲナーが考えた大陸《たいりく》移《い》動説《どうせつ》は、プレートテクトニクスとして再び見直されました。同じ向きに動く地表のひとまとまりをプレートといい、その境界付近では地震や火山など活発な活動が見られます。

大陸は移動すると考えたウェゲナー

地球儀があったら、日本とは反対側の大西洋を見てみましょう。大西洋をはさむ両側の大陸の海岸線、なんだかそっくりな形をしていませんか？ これって偶然でしょうか？

20 世紀の初め、ドイツの気候学者ウェゲナーはこのことに気づき、大西洋両岸の大陸はもともと 1 枚の巨大な大陸で、それが分裂して現在の位置まで移動した、という考えを発表しました。彼は自説の根拠《こんきょ》として、大昔の生物化石の分布や古い山脈などが両大陸にまたがるため、かつては 1 つの大陸だったと主張しました。これが「大陸移動説」です。この考えはいくつもの謎《なぞ》を解決する画期的なものでしたが、当時は大陸が移動するという斬新《ざんしん》な考えを信じる人は少なく、ほとんど評価されませんでした。

ダイナミックな海底地形

彼の死後しばらくした 1950 年ごろになると、彼の説を裏づける証拠が徐々《じょじょ》に見つかり始めました。海底地形を詳細に探査すると、大西洋の中央には周囲より高い海底山脈が、両岸の大陸の形にそうように走っていました。これを海嶺《かいれい》とよびます。海嶺はアフリカの南を通ってインド洋や太平洋にまで達する、地球上で最も長大な地形でした。ほかにも深い溝状の海溝《かいこう》など、さまざまな海底地形が発見されました。

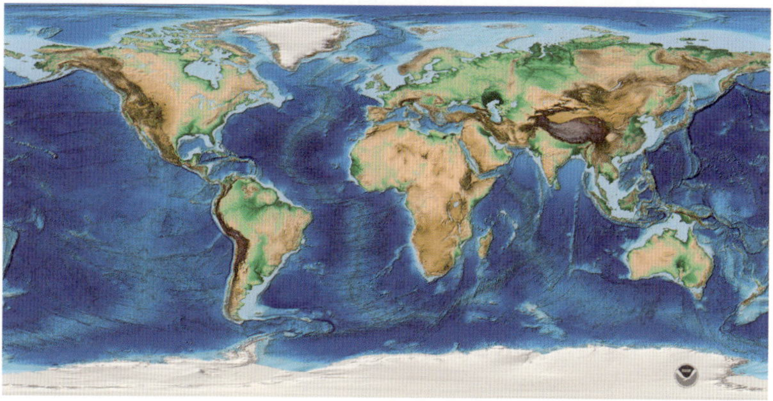

図 1　世界の海底地形
（提供：NOAA）

コラム　「明らかになった海嶺のすがた」

東太平洋海膨《かいぼう》の枕状溶岩
（提供：JAMSTEC）

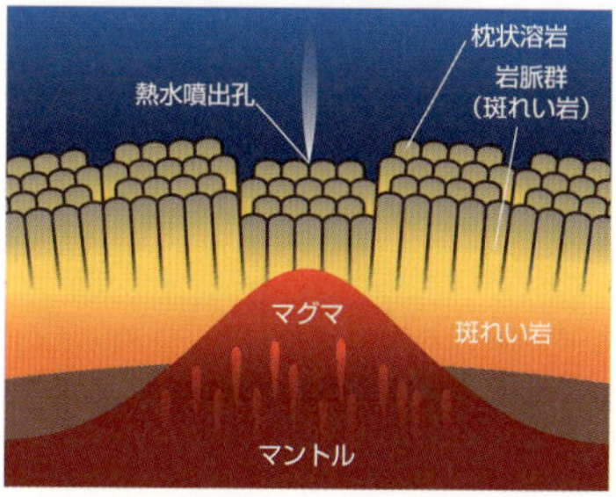

海嶺は水深が1000m以上の深海底にあるので、陸上の山脈のように詳細な調査をするのは容易ではありません。これまでは、海底の岩盤《がんばん》が陸に押し上げられたところを調査し、海底の様子を推定していました。しかし近年では、6000m以上も潜行《せんこう》できる深海調査船で海底をくわしく調査することができます。

海嶺付近にはマグマがすぐ下まできています。海底をつくる岩盤が両方から引っ張られて割れ目ができると、マグマは割れ目を通って上昇し、地上に噴き出します。このとき、噴き出したマグマは海水によって外側が急激に冷やされ、丸いボール状になって海底に積み重なります。枕を積み重ねたように見えるので、これを枕状溶岩《まくらじょうようがん》といいます。枕状溶岩や、岩盤の割れ目やマグマだまりで冷え固まった岩石は、こうして海底の岩盤の一部となるのです。

海底は海嶺で生まれる

海底にさまざまな表情があることがわかると、さまざまな研究が進みました。下図は海底の岩石ができた年代を調べて色分けしたもので、海嶺で最も若く、海嶺からはなれるほど古くなります。これは海嶺で海底が生まれ、両側へ移動するとすれば、うまく説明できます。

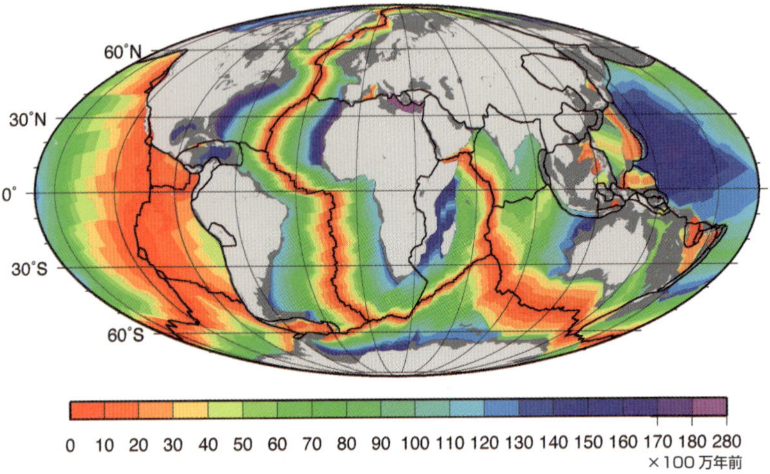

図 2　世界の海底岩盤の形成年代

海嶺はほぼできたばかりで、そこから離れるにしたがって古くなる。最も古い岩盤でも 2 億年前と、地球の年齢にくらべてずいぶん若い。（提供：NOAA）

大西洋両岸の大陸の海岸線が似ているのはもともとつながっていたからだ、としたウェゲナーの大陸移動説も、図 3 から説明できます。もともと 1 枚だった巨大な大陸の内部に割れ目ができ、割れ目が徐々に広がって大西洋が生じました。さらに大西洋が拡大を続けた結果、現在のような大陸配置になったのです。ウェゲナーの考えはようやく正しいと評価されたのです。

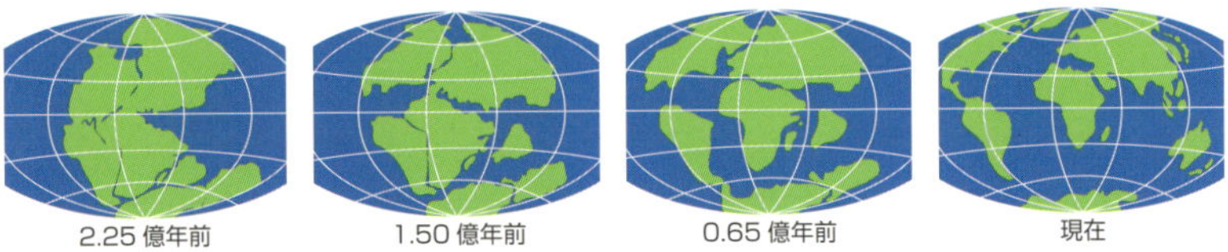

図 3　大陸移動の復元図

海底は海溝から沈みこむ

海嶺で誕生し、両側へ移動し続けた海底は、最後はどうなってしまうのでしょうか。その答えが、日本列島のそばにあります。太平洋岸には海溝という深い海底地形が続き、やがて大陸の縁《ふち》までやってきます（図4）。ここには深い溝のような地形があり、海溝とよびます。

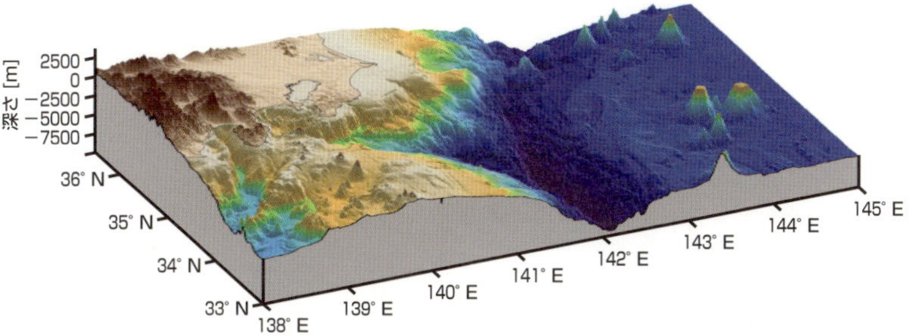

図4　関東〜伊豆諸島《いずしょとう》の東側に広がる海底地形

海溝がよくわかる。長さは深さ方向に強調してある。（提供：海上保安庁）

この海溝のところで、古い海底はぷっつりととだえています。そこから陸側の地下に向かって斜めにつながるように、多数の震源《しんげん》が平面状に分布していたのです（図5）。海底をつくる岩盤が海溝からななめ下に沈《しず》みこみ、この岩盤が地下で地震をもたらしている、というふうには考えられないでしょうか。海底は最後に、地下に沈んでしまうのです。

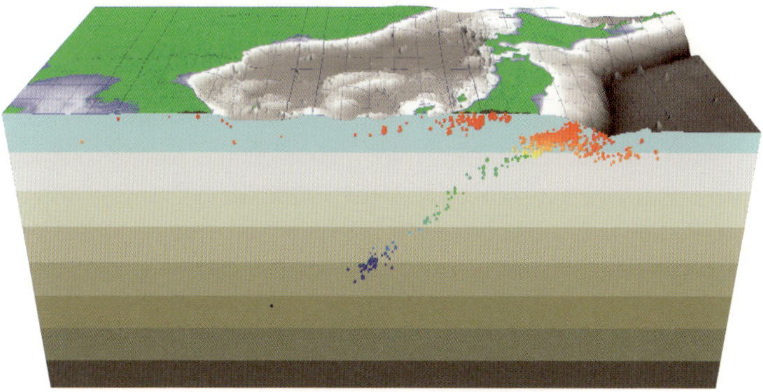

図5　日本列島周辺の地震分布断面図

日本列島の東にある海溝から斜め下に向かって、地震が集中する「帯」が見られる。奥行きも考えれば、斜め下に伸びる「面」となる。（JST「変動する大地」より）

プレートテクトニクスの成立

こうして「海底は海嶺で誕生して離れるように運動し、海溝から内部に沈みこむ」という考えが成り立ちます。地図上に海嶺と海溝を示すと、地表がいくつかのパーツに分割されます。これがプレートです。

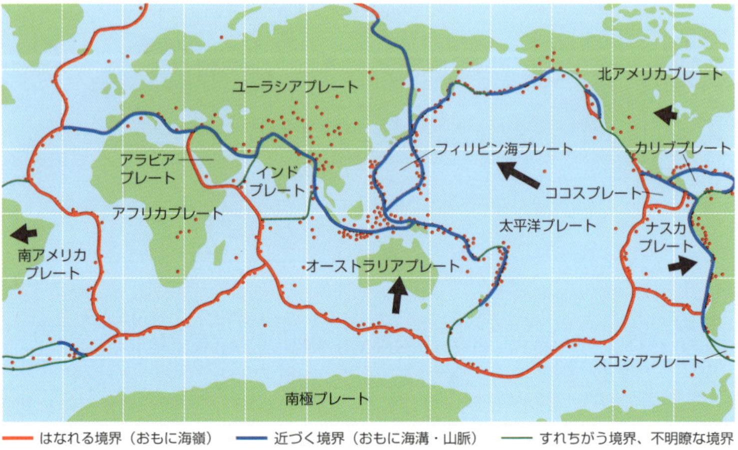

図 6　プレートの分布

プレートの境界や所属についてはさまざまな解釈がある。プレートの動く向きはアフリカプレートに対する相対方向で示している。

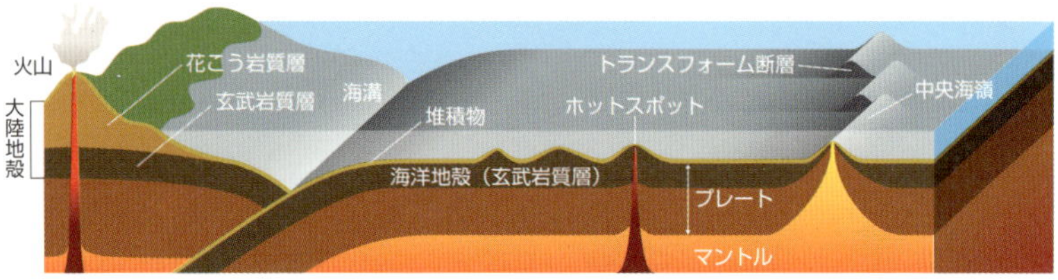

図 7　プレートの模式図

プレートは厚みが 100～200 km の冷たく硬い岩盤で、その下には熱くやや軟らかいマントルの領域が広がっている。

海洋のプレートは海溝で沈みこみますが、大陸地殻をのせたプレートは厚みがあり、花こう岩という軽い岩石が大きな割合をしめるので、沈みこむことができません。インドとユーラシアのように大陸どうしが接近すると、どちらも沈みこめずに衝突し、巨大な山脈ができます。

コラム　『ハワイの誕生』

地表はプレートでおおわれ、それぞれが一定の向きに運動しているという考えは、さらに多くの証拠に支えられるようになりました。ハワイ諸島は太平洋に浮かぶ火山島群で、ハワイ島は現在も活発に噴火していますが、残りの島々はすでに活動をやめています。ハワイ諸島の北西側にも多数の島や海山が並んでいます。これらの島や海山ができた噴火の年代を調べると、ハワイ島から離れるにつれて古くなっていることがわかりました。

これは、島々がプレートに乗って移動すると考えると説明できます。火山をつくるマグマの源はプレートよりも下にあり、プレートが動くと島もそれに乗って動くため、マグマの源からずれていきます。そのため、誕生したのが古い島ほど現在はマグマの源（ハワイ島の位置）から遠ざかっているのです。

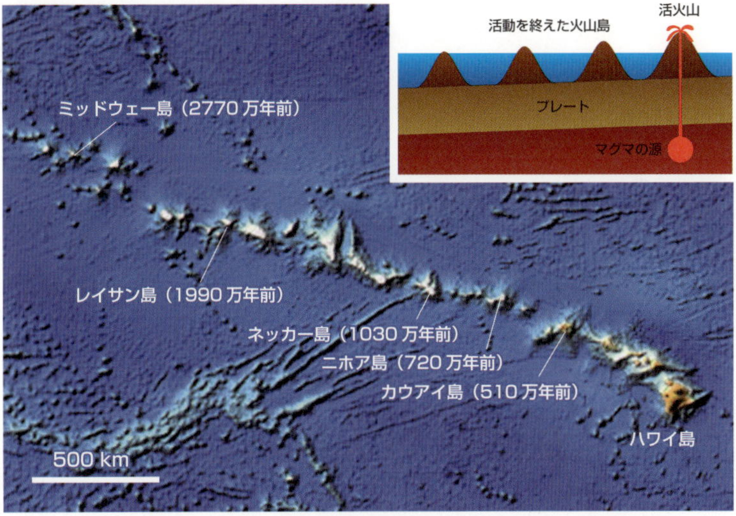

ハワイ島～ミッドウェー島の形成年代および形成モデル（右上）

（提供：NOAA）

海嶺や海溝ではプレートどうしが押し合ったり引っ張り合ってエネルギーが蓄積し、地震や火山活動など多くの活動が集中します。こうした現象のメカニズムについては以前は別々に論じられましたが、現在はプレートの運動から総合的に解釈されています。こうした考え方をプレートテクトニクスといいます。

ウェゲナーが生きていた当時は信じられなかった「地表の動き」も、現在ではGPSを用いた観測などで実際に計測されています。最近では、プレートを動かしている地球内部のダイナミックな運動まで、地震波の詳細な研究から明らかになりつつあります。地球は活発に活動する「生きた惑星」なのです。

23 地震

― 大地をゆるがす地震はどうして起きるのだろう？ ―

地震は、おもにプレートどうしの押し引きにより岩盤《がんばん》にひずみがたまり、岩盤が破断《はだん》する現象です。４枚のプレート境界にある日本列島は地震の多発地域で、とくに強い地震が周期的に発生するところもあり、警戒《けいかい》が必要です。

大地はゆれる

大地震は私たちの生活を根底から破壊する現象です。大地が大きくゆれ動く現象は私たちに恐怖《きょうふ》を与え、実際に大きな被害をもたらすこともあります。

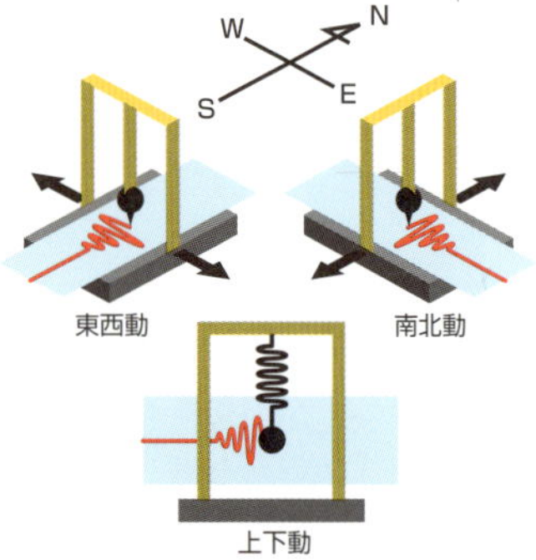

図 1　地震計のしくみ

地震のゆれを記録するのが地震計です。地震計はロール状の記録紙とペン、ペンを支える支柱などからできています（図 1）。地震の際、ロール紙とペンの両方が同じようにゆれては正確な記録にならないので、ペンには重いおもりをつけて、長い針金で振り子のようにつるしてあります。こうすると、おもりは地震のようなゆれに対し空中で固定され、正しい記録ができます。地震計はふつう、南北・東西・上下の３方向のゆれを記録できるよう設置されます（図２）。

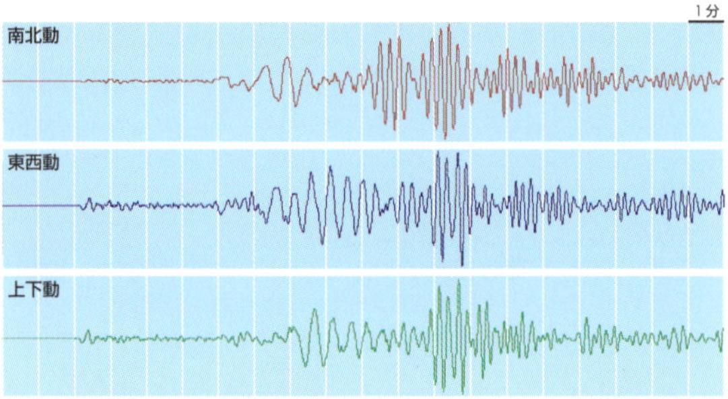

図２　1999 年台湾・集集地震を記録したつくば市の地震計記録

上から順に、南北・東西・上下の振動を記録している。

（東京大学地震研究所地震予知情報センター（http://wwweic.eri.u-tokyo.ac.jp/topics/taiwan/index-j.html）より）

現在ではコイルと磁石を用いた電磁式《でんじしき》がふつうで、ペンと紙の摩擦《まさつ》がないため微弱《びじゃく》な地震も記録できます。また、各地の地震計は気象庁のコンピュータとオンラインで結ばれ、地震が記録されるとただちに情報が集められ、震源や地震の規模などが計算されます。

震度とマグニチュード

地震が発生すると、テレビやラジオでは地震速報が流されます。各地のゆれの強さは、気象庁が定めた「震度《しんど》」という階級で表されます（図3）。現在は専用の計測震度計を用い、おもにゆれの加速度や継続時間などから算出されます。

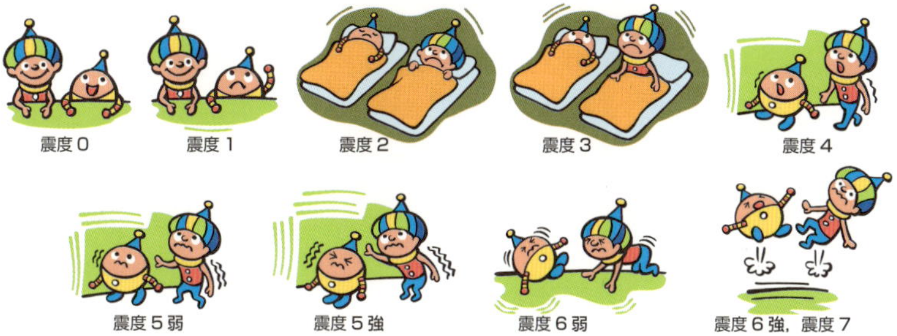

図3　気象庁震度階級

図4のように、地震のゆれの大きさは震源に近いほど強く、震源から離れると弱くなります。このため、地震の規模を示すときには別の値、すなわちマグニチュード（M）で表します。Mが1大きいと地震のエネルギーは約32倍、Mが2大きいと1000倍にもなります。マグニチュードは、ゆれの加速度から求めたり、生じた断層の大きさから求めたりします。

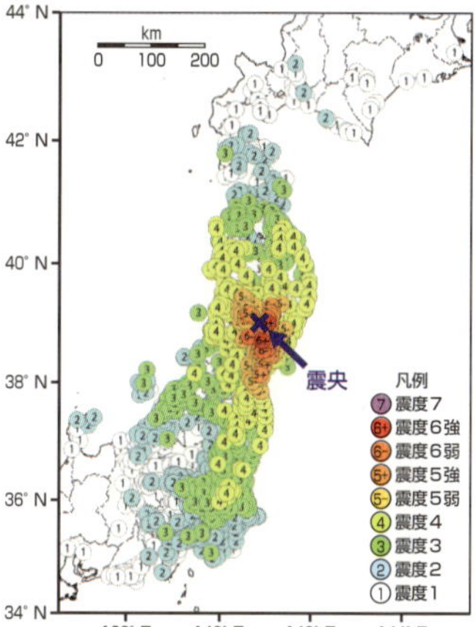

図4　岩手・宮城内陸地震の震度分布
（提供：気象庁）

地震は岩盤が割れる現象

震源はたいてい地下数 km ～数百 km にあり、そこでなにが起きているのか直接見ることはできません。しかし、大地震により地表が大きく盛り上がったり割れ目を生じることがあり、地下で岩盤が食いちがうような破壊現象が起きていることが推測できます（図 5）。

図 5　1999年台湾・集集地震で生じた地震断層
（提供：地質調査総合センター活断層研究室）

地表に現れた崖《がけ》には、岩盤や地層が大きく食いちがっていることがあります。これを断層《だんそう》といいます（図 6）。断層は、岩盤に強い力が加わり続けた結果、岩盤が耐え切れずに破断し、食いちがったものです。地震の際に地下で起きているのは、断層を生じる運動だったのです。上の写真のように断層が地表まで達したものを地震断層といいます。

岩盤が割れる際、かつて断層があったところは周辺より弱いことが多く、再び割れる可能性が高いです。すると、同じ断層が何度も動き、地震を生じさせます。これを活断層といいます。日本では活断層がずれて生じる地震も多く発生しており、警戒が必要です。

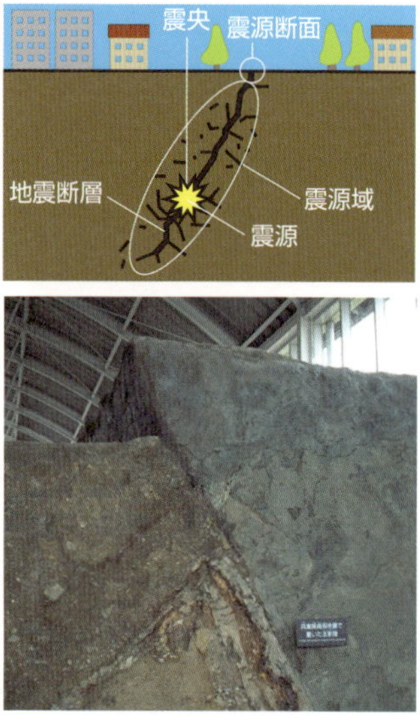

図 6　1995年兵庫県南部地震で地表に現れた野島断層の断面（野島断層保存館）

地震はプレート境界に集中する

地震は世界中で平等に発生するわけではありません。それどころか、日本のように地震が頻発《ひんぱつ》する場所は、ほぼプレート境界にかぎられます。震源の帯をつないでいけば、そのままプレート境界となるくらいです（図 7）。

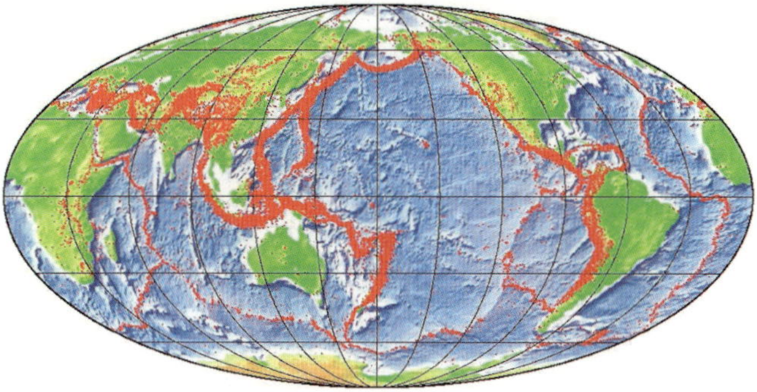

図 7　世界の震源分布（1980〜1996、M4 以上）
（地震火山噴火予知研究推進センター（http://wwweprc.eri.u-tokyo.ac.jp/eqmap.html）より）

プレートがはなれる境界では、両側から引っ張られて海嶺《かいれい》周辺の岩盤に亀裂《きれつ》が入り、その際に地震が生じます。一方、プレートが沈《しず》みこむ海溝付近では、陸側のプレートが海洋プレートに固着したまま引きずりこまれ、徐々にたわんでいきます。やがて陸側のプレートの変形が限界に達すると、固着面がずれてはね返ります（図 8）。これが巨大地震となります。

図 8　海溝付近で生じる巨大地震のしくみ

プレートどうしが横にずれる境界（アメリカ西海岸など）でも、大地震が周期的に発生します。また、インドがユーラシアに衝突するところも、内陸部が激しく変形して多数の活断層を生じ、これも大地震をもたらします。プレートどうしが押し合う力は巨大地震の原動力となり、そのためこうしたプレート境界に地震が集中するのです。

巨大地震がくり返す日本列島

図9は過去10年間に日本列島周辺で発生した、M4以上の地震の震源分布です。膨大《ぼうだい》な数の地震が発生していますが、とくにプレートが沈みこむ海溝《かいこう》付近に集中します。ここでは最大でM8級の巨大地震が発生し、甚大な被害をもたらします。

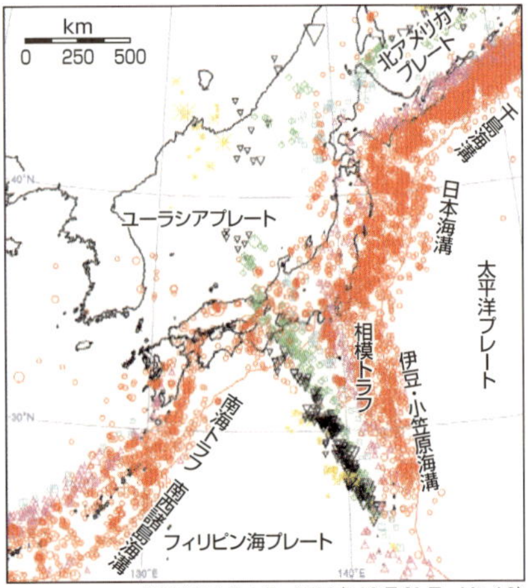

(1994年1月1日～2003年12月31日　M≧4.0)

図9　過去10年間に日本列島周辺で発生した地震の震源(M4以上)

(文部科学省地震・防災研究課：『地震の発生メカニズムを探る』(2004)より)

一方、図10の断面図を見ると、沈みこんだプレート内部で発生する深発地震が、日本のなめ下に伸びています。沈みこんだプレートがしだいに強まる圧力で壊され、地震となります。

地震は陸側のプレート内部でも頻発しています。日本列島はプレートに押されて内部に無数の活断層が生じ、その際地震が発生するのです。地震の規模は海溝付近での地震より小さめですが、大都市の直下で発生することもあり大きな被害をもたらします。

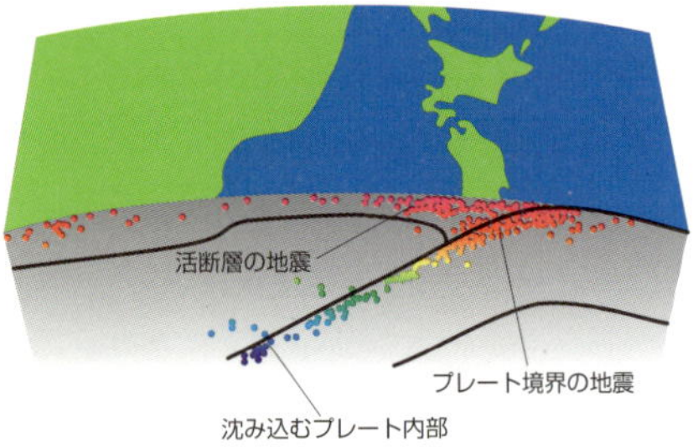

図10　日本列島のプレートの断面図

このように日本列島には多様なタイプの地震が発生していますが、その中でもとくに「東海・南海地震」とよばれる地震は警戒されています。静岡県から西の太平洋岸にかけて、フィリピン海プレートが南から日本列島の下に沈みこみ、その境界では100～150年の間隔で大地震がくり返し起きています(図11)。これを地震発生の場所から、南海・東南海・東海地震と区分します。この3つの地震は連動して起きることでも知られており、その場合はM8をこえる巨大地震となり、沿岸をおそう津波の被害も重なって、広範囲に大変深刻な被害をおよぼしてきました。

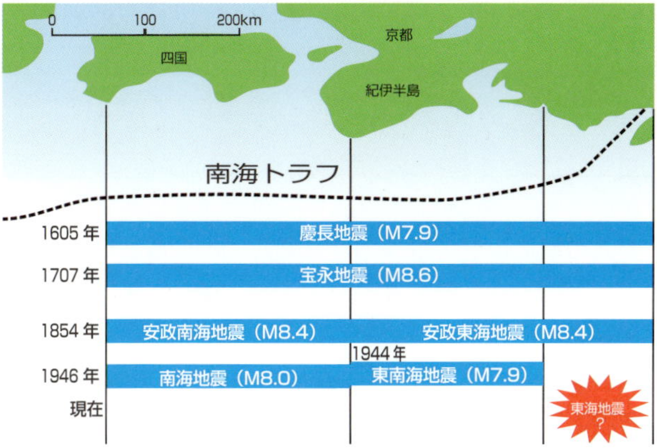

図 11　南海・東南海・東海地震発生年表

1944 年に東南海地震が、1946 年に南海地震が発生しましたが、このときは東海地震のエリアだけは動きませんでした。つまり東海地震のエリアでは 1 つ前の 1854 年安政《あんせい》地震以来地震が起きていないことになり、すでに 150 年が過ぎた現在、ここではいつ大地震が発生してもおかしくありません。一方、南海・東南海地震も発生からすでに 60 年以上が過ぎ､21 世紀中にはつぎの地震がやってくることは否《いな》めません。

もちろん、被害をもたらす地震はこれだけではありません。私たちの生活はいつも地震ととなり合わせであり、そのことを決して忘れるわけにはいかないのです。

地震に備えよう

地震を防ぐことはできません。ならば、いかに被害を小さくするかを考えなければなりません。地震被害の多くは建物の倒壊《とうかい》や火災によるものですが、建物内で家具の下敷きになる被害も小さくありません。家具は固定しておきましょう。また、住居に被害が生じると、しばらくはそこに住めなくなり､公共の避難《ひなん》所でしばらく生活をすることになります。自分が住むところの避難所を把握し、避難生活に必要なものをまとめて保管しておきましょう。とにかく、日頃の備えが重要です。

24 火山の活動

―マグマってなに？　噴火《ふんか》はどうして起きるの？―

火山はマグマが地上に噴《ふ》き上げてできた山です。マグマのねばり気やふくまれるガスの量により、噴火の仕方や火山の形はさまざまなものになります。火山噴火は社会に被害を与えますが、温泉や地下資源などの恩恵《おんけい》ももたらします。

地表を目指すマグマ

火山をもたらすマグマはおもに地下数十～数百 km の深さで生じます。マグマは周囲の岩石よりやや軽いため、上に向かって動き出します。これが地表に達して地上に噴き出す現象を噴火といいます（図 1）。

マグマは上昇しながら徐々《じょじょ》に冷え、その過程でマグマから鉱物《こうぶつ》が沈殿します。マグマの成分には、鉱物に取りこまれやすいものと、鉱物ではなく液体マグマの側にたまり続ける成分とがあり、鉱物が多くできると残りのマグマの成分も変化します。

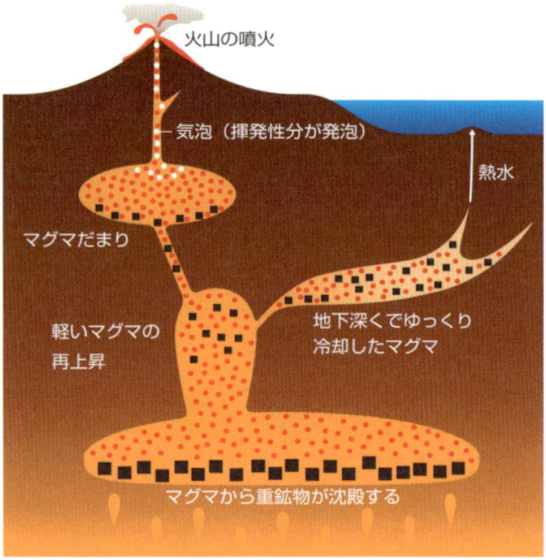

図 1　鉱物が沈殿するとマグマの成分も変化する

マグマにはもともと水分子や二酸化炭素分子などのガス成分が溶けこんでいます。これらも鉱物には入らず、マグマ側にたまっていきます。

マグマは地表近くまで上昇すると、上昇する力を失って停滞《ていたい》し、マグマだまりをつくります。しかし、マグマに溶けていたガスは、マグマが地表に近づいて圧力が下がったためマグマ中で発泡し、マグマの体積を急増させます。この力は爆発的で、地上までの岩盤《がんばん》を突き破り、マグマが地表に噴き上げるのです。これが噴火です。ちょうどシャンパンの栓《せん》が中の炭酸の圧力に押されて吹き飛ぶ様子に似ています。

マグマのちがいと火山の形

火山はマグマが噴き出したことでできる地形です。マグマが 1 ヵ所からくり返し噴き出し、周辺に軽石や溶岩《ようがん》をつもらせると、富士山のような円錐《えんすい》型の火山ができます。しかし、ハワイの火山のように傾斜《けいしゃ》が非常になだらかな形の火山もあります（図 2）。

これはマグマのねばり気が関係しています。ハワイの火山をつくるマグマは非常にねばり気が小さく、溶岩がさらさらと流れ下ってしまうため、なだらかな形になってしまうのです。これに対し、富士山や桜島など日本各地に見られる火山の多くは、ややねばり気があるマグマでできていて、溶岩流のほかに火山灰や軽石を大量に降らせます。もっとねばり気が強くなると溶岩は容易には流れなくなり、こんもりと盛り上げた溶岩ドームができます。また、1 回かぎりの噴火で周囲に軽石をつみ上げた円錐状の丘や、中央に窪地ができただけのものもあります。

図 2　さまざまな火山の形（下は 1 回の噴火でできた火山）

火山の分布と成因

日本には 160 もの活火山があり、これは世界の活火山の 1 割以上をしめます。一方、世界では火山がまったくない地域もめずらしくありません。世界の過半数の火山が太平洋を取りまくように分布するほか、インドネシアや東部アフリカ、アイスランドなどにも多くの火山が見られます（図 3）。これらはほぼすべてプレートの境界にそうように存在します。火山も地震と同じように、プレート運動が原因でもたらされるのです。

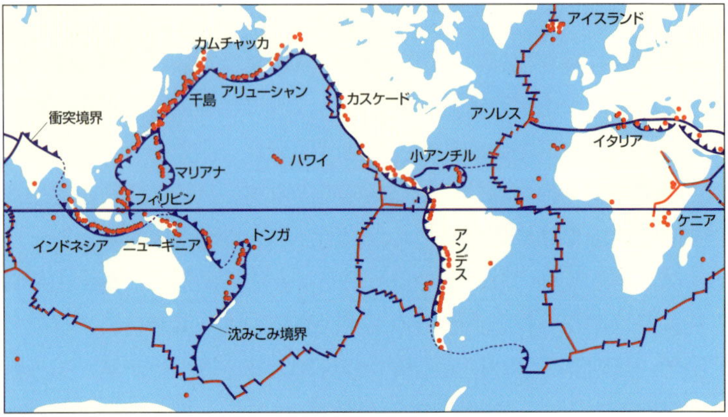

図 3　世界のおもな火山の分布

火山の形はありませんが、海嶺《かいれい》は地球上で最も大量のマグマが放出されているところです。ここではプレートが両側から引っ張られ、できた裂《さ》け目にマグマが噴出しています（→ 90 ページ参照）。一方、プレートが沈みこむところでは、沈《しず》みこんだプレートから水などがしぼり出され、これがマントルの熱い岩石に作用してマグマがつくられています。このほか、ハワイのようにプレートのはるか下から熱い岩石が上昇し、プレートをつらぬいて大きな火山をつくっているところもあります。

噴火の災害と恩恵

火山の噴火は、私たちの社会に大きな被害をもたらします（図 4）。溶岩流は山ろくの集落に壊滅的な被害を及ぼします。また、周囲の森林は燃えつくされてしまいます。火砕流は猛スピードで斜面を下るため、人々が逃げおくれる危険性は溶岩流よりはるかに高く、1990 年

1983年三宅島噴火で溶岩流におそわれた阿古《あこ》集落

1990年雲仙普賢岳噴火で斜面を下る火砕流（提供：島原市）

図４　噴火による災害

の雲仙《うんぜん》普《ふ》賢岳《げんだけ》では火砕流によって44人が犠牲《ぎせい》になっています。

火山灰が大量に噴き上げると、視界不良で交通がマヒしたり、作物に降りつもって傷つけたり、人々に呼吸困難をもたらすこともあります。降りつもった火山灰は雨が降るたび泥流《でいりゅう》となって下流に押し寄せ、橋や堤防《ていぼう》を破壊したり街を泥でうめたりしてしまいます。さらに、二酸化硫黄などの有毒ガスも深刻な問題です。

一方、火山は私たちに恩恵も与えてくれます。火山地域にわき出す温泉は、地下水がマグマに温められ、マグマからさまざまな成分を受け取ったものです（図５）。温泉観光地は多くの人でにぎわいますが、温泉の効能や温泉街の雰囲気のほか、火山の風光明媚《ふうこうめいび》な景観も人々をひきつける大きな要素となっています。マグマの熱を利用した地熱《じねつ》発電も、すでに多くの国で実用化されています。さらに、マグマは地上へ移動する間に特定の元素を濃縮することがあり、地下資源をつくり出す重要な役割を果たしているのです（→ 110ページ参照）。私たちは、火山からさまざまな恵みを得て生活しているのです。

別府《べっぷ》温泉街

草津温泉（湯畑）

図５　火山地域にわき出す温泉

25 日本列島

—日本列島はどうやってできたのだろう？—

日本列島は太平洋側から２枚のプレートが沈《しず》みこみ、列島内部に火山と無数の活断層《かつだんそう》をもたらします。また、プレートは海底の砂泥などを運んで押し付け、陸地を海側に成長させます。日本列島はこうしてできました。

プレートがひしめき合う活動的な列島

日本列島は４枚のプレートがひしめき合い、東から太平洋プレートが、南からフィリピン海プレートが列島の下に沈みこんでいます（図 1）。プレートが沈みこむ場所には深い海溝《かいこう》ができ、陸の近くでは砂泥でうめ立てられて、トラフというややくぼんだ地形になります。この付近では大地震がたびたび発生し、周辺に大きな被害をもたらします。また、沈みこむプレートに押される形で、陸側のプレート内部には活断層が多数発達し、ここでも地震が発生します。さらに、沈みこむプレートが地下の岩石に作用してマグマをもたらし、たくさんの火山が並んでいます。

列島内に無数に存在する活断層は、地形にも大きなつめあとを残しま

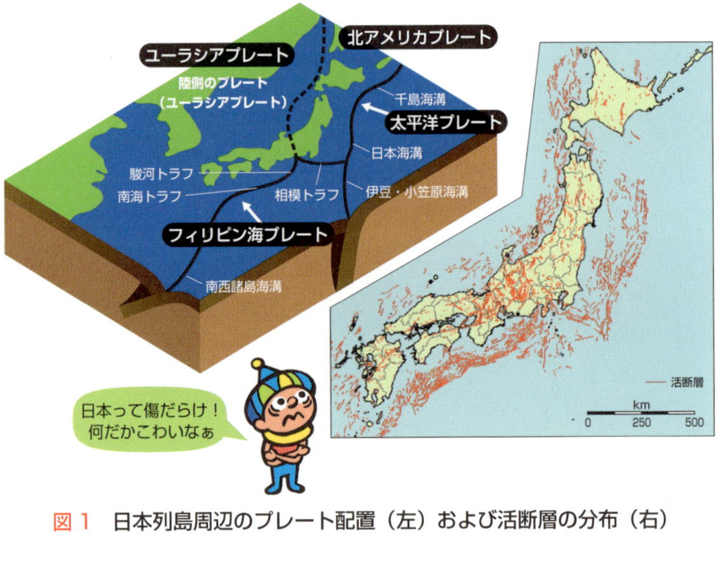

図 1　日本列島周辺のプレート配置（左）および活断層の分布（右）

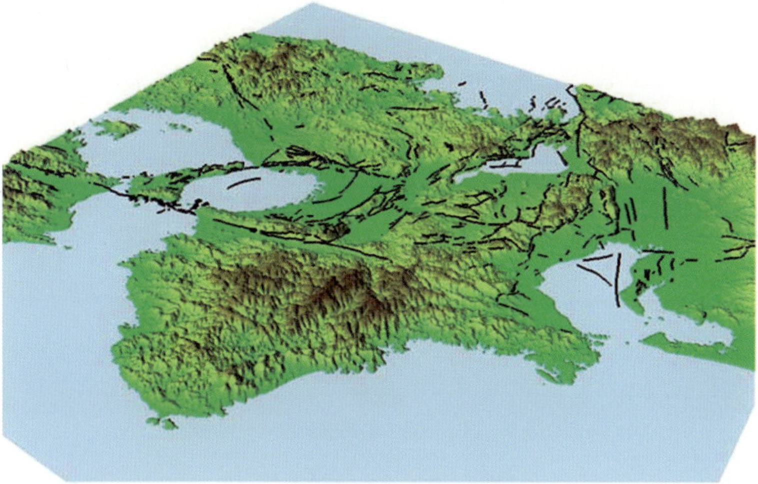

図 2　近畿地方の地形と活断層

断層運動によって盛り上がったところが山脈、沈降したところが低地・盆地となっている。琵琶湖や大阪湾も盆地と同じ構造といえる。（国土地理院「数値地図 50 mメッシュ（標高）」より改変）

す。たび重なる地盤の食いちがいで地形に大きな段差が生じ、とくに、東海から近畿地方には、活断層によってできた直線的な山脈と盆地が各地に形成されています（図 2）。日本最大の湖である琵琶湖《びわこ》も、周囲を活断層で囲まれ、落ちこんで盆地になったところに水がたまってできたものです。このような湖はほかに諏訪湖《すわこ》や猪苗代湖《いなわしろこ》があります。

日本列島の骨格をなす付加体《ふかたい》

日本列島の骨格はどうやってできたのでしょうか。服をぬがせるように、ごく表層をおおう堆積物《たいせきぶつ》や火山岩などを取りのぞくと、日本列島の骨格ともいえる基盤が見えてきます。日本列島は、北陸から山陰《さんいん》のごく一部を除くと、大半が太古の海底につもった砂泥や海底の岩石でできており、形成年代や性質が共通する岩石が帯状に東西にのびています（図 3）。それぞれの岩石の形成年代を調べると、日本海側ほど古く、太平洋側ほど新しくなっています。さらに、日本列島周辺の気候では生息が難しいサンゴ礁《しょう》性の石灰岩体がところどころに見られるなど、不思議な性質ももっています。

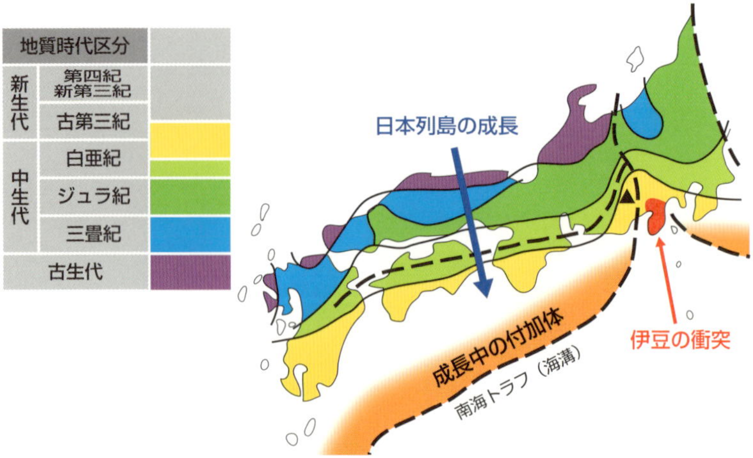

図３　日本列島の地質構造図（一部簡略）

こうした岩石はどこからやってきたのでしょう。じつはプレートがはるばる遠方から運んできたものだったのです。海のプレートが遠方からやってくる間に、海底には泥や海の生物の死骸《しがい》、プランクトンの殻などが徐々《じょじょ》につもります。マグマが噴き出すと火山島ができ、その周囲にはサンゴ礁が発達します。大陸に近づくと、大量の砂泥が流れこみます。

これらをのせたプレートが日本列島の下に沈みこむ際、のせてきた砂泥や海山《かいざん》を列島に押しつけるのです。これがくり返されると、日本列島の地盤は太平洋側に向かって徐々につけ加えられていきます。これを付加体といいます。プレートはまるでブルドーザーのように、海底に積もった砂泥などを運んで列島に押しつけているのです。

プレートによる押しつけは今も続いており、今は海底の場所も徐々に盛り上がって陸地になるでしょう。また、伊豆《いず》半島はもともと大きな島として存在したものが日本列島に衝突し、列島の中に押しこまれたものです。伊豆半島の前進は今も続いていて、その両側では関東地震や東海地震がたびたび発生しています。私たちが住むこの大地は完成したわけではなく、今後もその姿を変えていくのでしょう。

日本列島と周辺の姿

『理科年表』には日本と世界のさまざまな地形について掲載していま

す。ここでは日本列島の高山のベスト 20、河川・湖沼のベスト 10 を紹介します。

1．日本の高山ベスト 20

日本の高山といえば真っ先に富士山が浮かびますが、富士山は日本の高山の中でも群を抜いて高いのです。しかも富士山の位置は海岸に近く、裾《すそ》野《の》は標高 150 m くらいから始まっています。

ベスト 20 のその他の山は北アルプスと南アルプスに属します（図 4）。ここは陸上のプレート境界で、東側の北アメリカプレート・南東のフィリピン海プレートが、西側のユーラシアプレートを押しこんでいます。そのため、布団を折り曲げるように地盤そのものが 1500 m も隆《りゅう》起《き》し、それがけずられて山脈となりました。

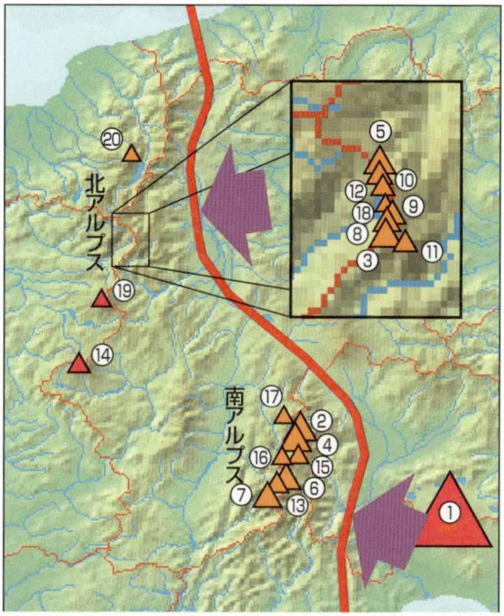

図 4　日本の高山ベスト 20 の分布

山頂はこうしたけずり残しであり、標高が 3000 m 付近でそろっているのはその

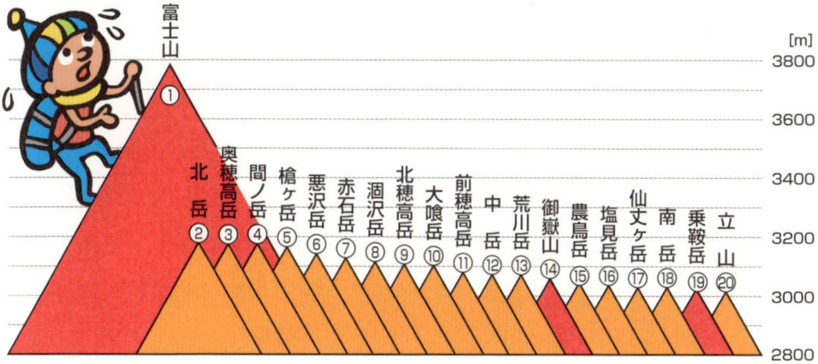

図 5　日本の高山ベスト 20 の標高比較（赤は火山）

ためです。また、御嶽山《おんたけさん》と乗鞍岳《のりくらだけ》の2つの火山がふくまれますが、これも標高約 1500 m の基盤の上にできた火山です。その中で富士山は、ほぼ海抜に近い基盤の上にマグマを 3500 m 以上もつみ上げた、ずば抜けた山といえます（図 5）。まさに日本のシンボルです。

2．日本の河川ベスト 10

日本列島は細長く、山地に端を発した河川もあっという間に海岸に達します。最も長い信濃川《しなのがわ》は 367 km ですが、ここでは流域面積トップ 10 の河川を紹介します（図 6）。最大の流域面積を誇《ほこ》るのは利根川《とねがわ》で、関東平野の大部分の水を集めて流れます。ほかにも石狩川や北上川など、広い平野を流れる川は、流域面積も広くなります。石狩川《いしかりがわ》は明治初期には信濃川とほぼ同じ長さだったのですが、河川改修で蛇行《だこう》した流路をまっすぐにしたため、約 100 km も短縮してしまいました。

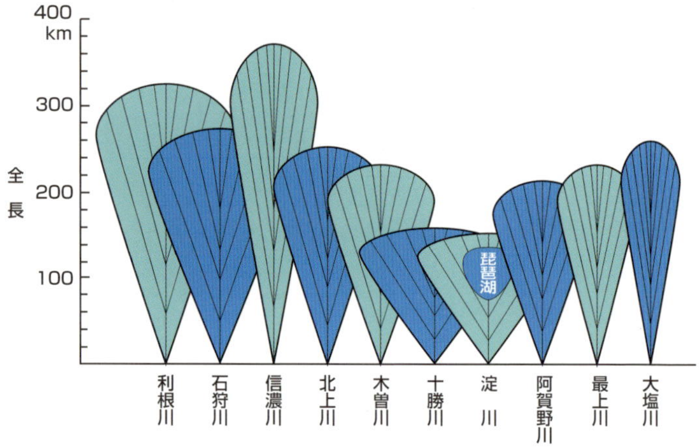

図 6　日本の流域面積の広い川ベスト 10

淀川《よどがわ》は全長 75 km と短い川ですが、流域面積では 7 位にランクされます。淀川の源流は琵琶湖で、琵琶湖の出口から河口までを淀川というのです（図 7）。しかし流域面積は、琵琶湖や湖に流れこむ領域もふくみます。また、本流より長い支流である桂川《かつらがわ》や木津川《きづがわ》の流域もふくんでしまいます。桂川や木津川は淀川本流より長いにもかかわらず、合流後の流れの向きから支流とされてしまうのです。

図 7　淀川の流域面積

淀川の長さは濃青色で描いた流路のみを示すが、琵琶湖、木津川、桂川などの支流が広い流路をもつため、これを合わせると全国で 7 位の流域面積となる。

3．日本の湖ベスト 10

湖は広くくぼんだところに水がたまったもので、その成因はじつに多様です（図 8）。琵琶湖や猪苗代湖は、断層《だんそう》運動で沈降した盆地に水がたまったものです。屈斜路湖《くっしゃろこ》や支笏湖《しこつこ》、洞爺湖《とうやこ》はカルデラ内に水がたまったもので、面積のわりに水深が深く、透明度の高い湖です。中禅寺湖《ちゅうぜんじこ》や桧原湖《ひばらこ》は、谷が火砕流《かさいりゅう》にせき止められてできました。

一方、霞ヶ浦《かすみがうら》やサロマ湖、中海《なかうみ》や浜名湖《はまなこ》のように、もともと海の内湾が砂州《さす》で閉鎖したものも多く存在します。こうした海跡湖《かいせきこ》は、閉鎖後に淡水が流入し続けると徐々に塩分がうすくなり、汽水湖《きすいこ》になります。もともと浅い海底がさらにうめ立てられて、水深は非常に浅くなります。

図 8　日本の面積の広い湖ベスト 10

26 地下資源

―大事なものはみんな地下にあるのかな？―

私たちの生活は地下資源に支えられています。さまざまな素材の多くは地下から掘《ほ》り出したものをもとにしています。私たちの生活に欠かせないエネルギー資源も地下にあります。その地下資源は有限なのです。

私たちの身のまわりにある地下資源

私たちの生活は、地下の物質に支えられています。試しに今、周囲を見まわしてみてください。

金属でできたものはありますか？

ガラス製品はありますか？

プラスチックはありますか？

図１　文房具にも地下資源

こうしたものはすべて地下から掘り出したもの、すなわち地下資源からつくられています。細かな部品もふくめれば、じつに多くのものが地下資源でできています。

図２　街にも地下資源

一歩外に出てみましょう。私たちを囲むのは、石材とコンクリートでできたビル群でしょうか。金属やガラスもいたるところに使われています。私たちが立つアスファルト舗装《ほそう》も、石油から分離したアスファルトという成分に砂《じゃ》利《り》を混ぜたものです。街を走る車や電車も、またこれらを動かすエネルギー源も、すべて地下資源を用いています。このように、少し見わたしただけでも、私たちの生活がいかに地下資源に依存しているかがわかります。

地下資源は、その用途から以下の３つに分類できます（表１）。石油はおもにエネルギー資源としてあつかいますが、プラスチック製品などの素材としても重要で、その場合は非金属資源と考えることもできます。

表 1　地下資源の分類

金属資源	鉄鉱石《てっこうせき》・銅鉱石・ボーキサイト（アルミニウム鉱石）など	
非金属資源	石材・石灰石（セメント素材）・ケイ砂（ガラス素材）など	
エネルギー資源	石油（プラスチック素材としても利用）	化石燃料
	石炭・天然ガス	
	ウラン鉱石	核燃料

鉄資源は太古の生物がもたらした恵み

鉄ほどさまざまな用途のある金属はないでしょう。街を見まわしても、自動車や電車の車体、線路や橋、ビルの鉄筋・鉄骨など、じつに多くの場所で鉄が使われています。小さなものでは、ナイフやフォークなど食器、鍋や包丁など調理器、飲料の缶、数々の電化製品や家具など、あらゆる場所で鉄を見つけることができます。

鉄をもたらす鉄鉱石は、たいていは鉄の酸化物で、おもに 27 億〜19 億年前という非常に古い地層から切り出しています。オーストラリアやブラジル、カナダ、ロシアなどには、図 3 のような鉄鉱石の大鉱床《だいこうしょう》があり、酸化鉄を多くふくむ層状の岩石を採掘《さいくつ》しています。これは、今から 27 億〜19 億年前、シアノバクテリアとよばれ光合成《こうごうせい》を行う生物によって放出された酸素が、当時の海水中に大量に溶けこんでいた鉄イオンと結びついて沈殿《ちんでん》したものと考えられています。

私たちは、太古の生物が活動した証《あかし》であるこの酸化鉄を、生活に必要な鉄の資源としているのです。

図 3　鉄鉱床（上）と縞状鉄鉱
（提供：（上）理科教材データベース（岐阜大学））

鉄鉱石が鉄になるまで

鉄鉱石は鉄と酸素の化合物なので、これから酸素を除去すると金属鉄が得られます。採掘された鉄鉱石は製鉄所に送られ、石炭を蒸し焼きにしたコークスといっしょに高炉《こうろ》に投入されます（図4）。熱風を受けてコークスは一酸化炭素となり、これが鉄鉱石から酸素をうばいます。こうして融《と》けた鉄が生産され、高炉の下の口から流れ出てきます。

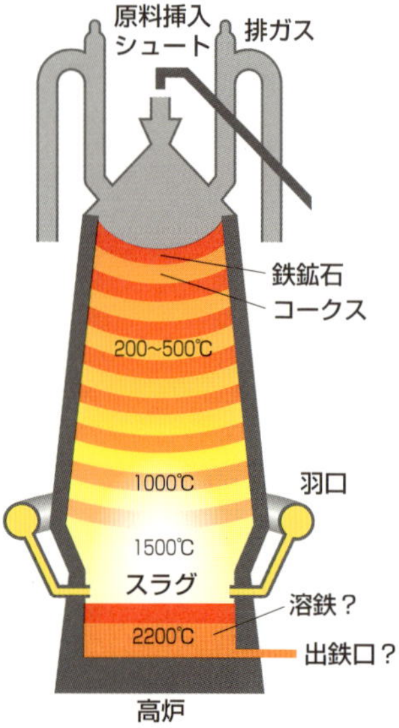

図4　鉄鉱石が鉄になるまで

高炉で生産された鉄は銑鉄《せんてつ》といい、まだ不純物が多いため、さらに転炉で融解精錬《ゆうかいせいれん》を行います。こうしてできた鉄鋼は鋼板《こうばん》などにされた後、さらに加工されてさまざまな用途に用いられます。また、鉄にほかの成分を添加した特殊鋼は、純粋な鉄がもっていない特有の性格をもつことがあり、さまざまに応用されています。クロムとニッケルを添加してさびにくくしたステンレス鋼はその代表例でしょう。鉄は今も人間社会を支える屋台骨でもあるのです。

金・銀・銅はマグマが源

マルコポーロが著書『東方見聞録』の中で日本のことを「黄金の国ジパング」と表現したように、金は昔から日本のあちこちで採掘されてきました。佐渡《さど》や伊豆《いず》など、かつての大鉱山は閉山しましたが、現在も複数の金鉱山が稼働《かどう》しています。なかでも鹿児島県の菱刈鉱山《ひしかりこうざん》は、世界屈指の品位（鉱石に含まれる金含有率）をほこることで有名です。

金は、金属の中ではとても安定で、さびたり溶けたりすることはほとんどありません。このことが貨幣《かへい》や貴金属に用いられる大きな理由ですが、逆に化合物はつくりにくく、鉱物中に取りこまれることもまずありません。もともと、マグマ中にきわめてわずかしかふくまれていない金

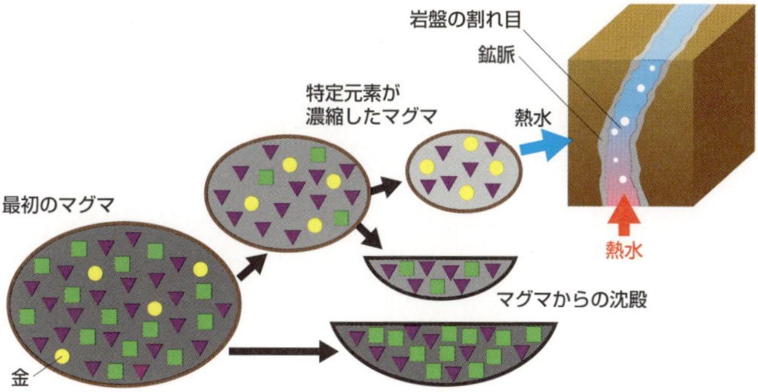

図５　マグマの中の特定成分の濃縮

ですが、マグマが鉱物を沈殿していくなかで、金は最後までマグマに残り続け、どんどん濃縮されていきます（図５）。そして最後は熱水といっしょにマグマから出て行きます。この熱水は、岩盤《がんばん》の割れ目を伝って流れながらしだいに冷めていき、金は溶けきれなくなって沈殿します。これが金鉱床です。こうした金鉱床は日本中にあり、沈殿物でつまったかつての熱水の通り道を掘って、金鉱石を採取しています。さらに、これが風雨でくだかれ、砂となって川に運ばれると、金は重いので川底の砂にうもれてたまります。この砂をさらって金の粒を探すのが砂金《さきん》集めです（図６）。

図６　金をふくむ鉱脈
（提供：住友金属鉱山株式会社）

くだけた砂から砂金を集める

貴金属の銀や銅、そのほか鉛や亜鉛なども、マグマから放出された熱水が鉱脈や鉱床をつくり、採掘《さいくつ》されています。マグマは重要な金属資源を濃縮してくれる大事な「工場」なのです。火山国・日本が「黄金の国ジパング」とよばれたのも、偶然ではないのです。

石炭も石油も生物の化石

私たちの生活を支える地下資源は、物質として身のまわりにあるだけではありません。車や航空機の燃料として、電気の源として、石炭や石油、天然ガスといったエネルギー資源は私たちの生活に欠かせません。

石炭は 18 世紀に始まった産業革命の原動力となり、19 世紀まではエネルギー資源の主役でした（図 7）。現在も、製鉄や発電用の燃料として大量に消費されています。石炭は大昔の植物が地中にうもれ、炭化が進んでできたもので、部分的に樹木の幹や葉の組織が見られます。つまり植物の化石です。世界で産出する石炭の大部分は、約 3 億年前という古い地層のものですが、日本でかつて採掘された石炭はもっと新しい時代のものです。

図 7　**石炭（左）とふくまれる植物化石（右）**

石油は 20 世紀以降ずっとエネルギー資源の主役です。エネルギー源だけでなく、プラスチックやビニール、発泡スチロールなど多くの素材として、私たちの生活を支えています。この石油も、かつての生物の化石といわれています。石炭のように組織が残っていないので不《ふ》明瞭《めいりょう》ですが、海のプランクトンなどが海底につもって埋没し、熱と圧力を受けて分解・熟成したものとされています。

石炭は 3 億年前の
植物の化石？

石油は地下水と同じように地層中を移動し、トラップとよばれる場所にたまります。

図８　油田ができる地質構造（トラップ）の例

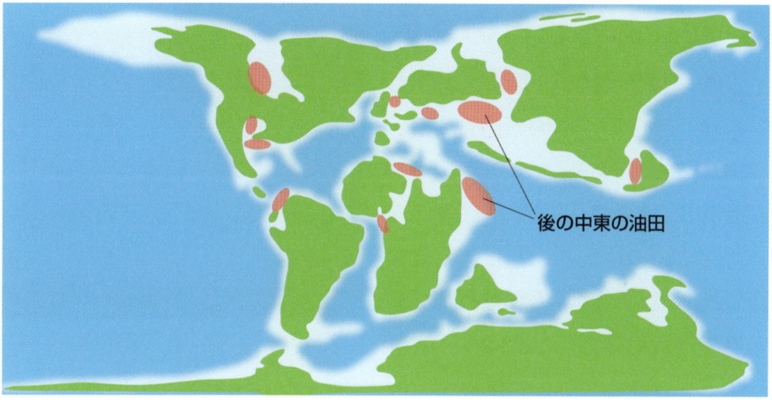

図９　白亜紀の大陸・浅海の分布、および将来油田になる場所

ここを地上から探して掘りぬきます（図８）。現在、世界の石油の過半数が中東地域に集中していますが、ここは白亜紀《はくあき》の浅い海底で、大量の生物起源の有機物がたまった場所です（図９）。これが、プレートの衝突で地層が激しく褶曲《しゅうきょく》した場所をトラップとして、大量に貯留されていると考えられています。

このように、石炭や石油はもともと生物の化石だったもので、化石燃料といいます（天然ガスもふくむ）。化石燃料はその形成に非常に長い時間を要するため、私たちがこのまま大量に消費し続けると、いつかは枯渇《こかつ》してしまうのではと考えられています。枯渇が現実の問題となる前に、化石燃料を無駄づかいしない省エネ技術の開発や、代替《だいたい》できるエネルギーの開発が求められています。

27 海のある星　地球

―海があるとどんないいことがあるの？―

地球は海のある星です。海は私たち生物の故郷であり、地球環境を安定させる役割を果たしています。海の表層《ひょうそう》と深層《しんそう》はゆっくりと循環し、これが深海へ酸素を送り、深層水の栄養分を表層に戻しています。

海があることの恩恵《おんけい》

地球は表面積の７割を海がしめる、まさに「水の惑星《わくせい》」です。地球は「生命の惑星」ともいわれますが、「生命の惑星」は液体の水なしには存在することはできません。地球と太陽の距離が液体の水の存在にはちょうどよいこと、水分子が脱出しないだけの十分に大きい重力をもつこと、といった条件を満たすことで、地球は「水の惑星」になれたのです。

水はじつにさまざまな物質を多量に溶かすことができます。この性質が私たちの細胞に、養分や老廃物《ろうはいぶつ》を出し入れすることを可能にしています。地球の生命は海で誕生し、海の環境を体内に取り入れながら進化してきました。私たち陸の生物の体液が、海水の成分と驚くほどよく似ているのはそのためです。

海水は地球環境の安定装置の役割もになっています。海水は陸地にくらべ暖まりにくく冷めにくいため、気温の変動をおさえて過ごしやすくしています。また、海水はかなりの量の二酸化炭素を吸収し、大気中の二酸化炭素の量が急激に変動するのを防いでいます。さらに、海洋は河川による物質移動の終着点であり、物質の貯蔵庫としても重要です。水産資源や食塩だけでなく、金属・非金属資源やエネルギー資源も期待されています。

海洋の構造

下図は日本周辺海域の３点で観測した、水温の水深による変化を描いたものです。季節によって水温が上下する部分は水深 0〜200 m のせまい範囲だけで、そこから下はほとんど変化しないことがわかります。水深 200 m より下の世界に四季の変化はないのです。

表層の下には水温が急激に下がるところがあり、ここを主水温躍層《しゅすいおんやくそう》といいます。そして水深がある程度深くなると、水温はどこも 0〜3℃でどこも同じ値になってきます。ここを深層といいます。場所や季節によって水温が変化する表層の下には、暗く冷たい深層の世界が広がっていたのです。冷たく高密度の深層水と、暖かく軽い表層水とは、ちょっとやそっとでは混合しません。これが海洋の基本構造です。

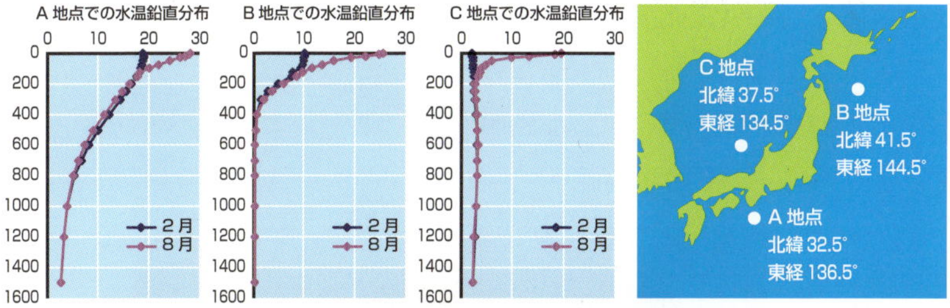

図１　日本近海３点の水温鉛直分布

図２　世界の水温分布と太平洋南北断面

暖かい表層水が非常に薄いことがわかる。（NOAA WOA2005）

上の断面図を見ると、表層水がとてもうすいことがわかるでしょう。海流はこのうすい表層水の中を流れ、暖かい海水は台風や低気圧をもたらしたり、ヨーロッパなど高緯度の地域を暖めたりしています。

波浪《はろう》・高潮《たかしお》・津波《つなみ》

岸に打ち寄せる波は、おもに風が起こします。風が強い日、海岸には高い波がつぎつぎと打ち寄せます。風がないおだやかな日も、小さな波が静かに寄せています。これは遠方で生じた波がはるばる伝わったものです。風は波を起こして表層の水をかき混ぜ、海水に酸素をたくさん溶かしこませています。

風は海水を吹き寄せます。台風が沿岸を通過すると、強風が海水を岸に吹き寄せて高潮をもたらすことがあります。満潮《まんちょう》(→ 22 ページ「満潮と干潮」参照)が重なると、高潮はさらに高くなり、洪水などの被害をもたらします。

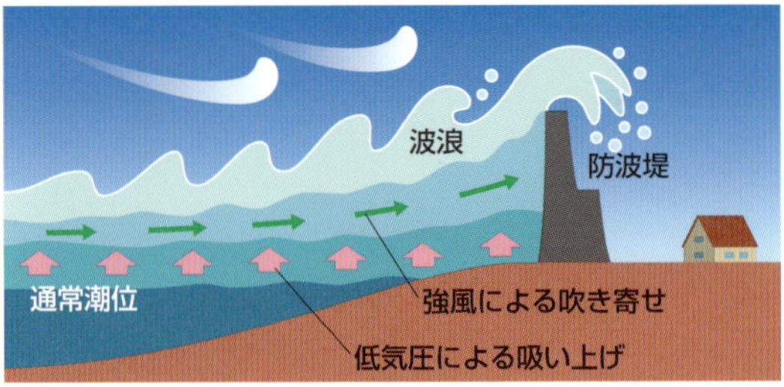

図 3　高潮のしくみ

津波はおもに地震が原因で生じる大きな波です。海底で地震が発生し、地盤の一部が急激に隆起《りゅうき》したり沈降《ちんこう》したりすると、その上の海水も大きく上下します。これが波となって四方に伝わったものが津波です。

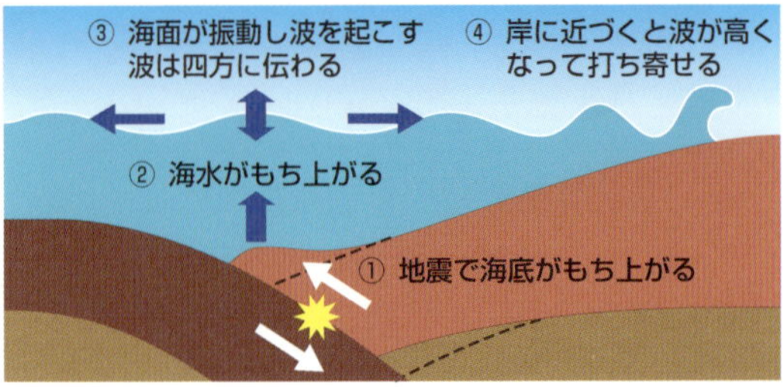

図 4　津波のしくみ

海　流

海にははっきりした流れがあります。これを海流といいます。太平洋や大西洋には、赤道をはさんでそれぞれ 1 つずつ大きな渦《うず》をまく流れがあり、日本の太平洋岸を流れる黒潮《くろしお》は、この渦の一部です。渦をなして流れることで、赤道付近の暖水が暖流《だんりゅう》となって寒冷な地を暖めます。代わりに冷たい海水が寒流《かんりゅう》として赤道付近に戻ってきます。こうして海流は、地表の温度差を緩和《かんわ》しています。

図 5　世界の海流

日本周辺には、黒潮をはじめ複数の海流があります。黒潮は、速いところで 2 m/s 以上、輸送水量は毎秒 5000 万トンにもなる、世界でも最大級の勢力をもつ海流です。黒潮は下図のように大きく蛇行《だこう》し、その位置の変動は漁業や海上輸送に大きく影響します。

黒潮の一部は九州の西側から日本海に入り、対馬《つしま》海流とよばれます。冬、この暖流の上をシベリアからの冷たい季節風《きせつふう》が通ると、海面から大量の水蒸気が空気に供給され、山沿いに大雪をもたらします。

親潮は北太平洋から南下する寒流で、これが強いと東北地方の沿岸で冷夏になります。栄養塩を多く含むためプランクトンが大量に発生し、それを狙ってさまざまな魚が集まるため、好魚場となっています。

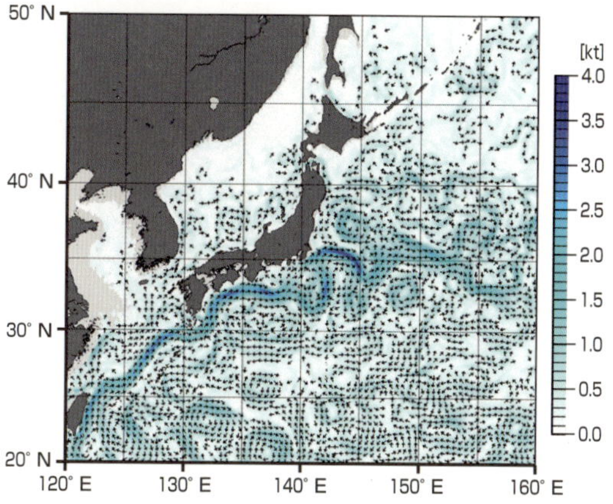

図 6　日本近海の海流図（2010 年 7 月 1 日）

台湾からの日本の南岸を通る明瞭な流れが黒潮。
（気象庁ホームページより）

深層循環《しんそうじゅんかん》

光が差しこみ、海流によって海水がよくかき混ぜられ、酸素が十分にふくまれる表層とちがい、海洋深層は光も酸素も届かない、生物がとても暮らせない世界と思われた時代もありました。しかし、実際には深海底にも多くの生物が生息しています。エビやカニ、キンメダイやアンコウなど、深海で獲《と》れる水産物は私たちの食卓にもよくあがります。

これらの生物が生息するには、酸素が十分に供給されなければなりません。しかし前述したように、表層水と深層水はほとんど混じりあうことがありません。では、酸素の豊富な海水はどうやって深海にもたらされるのでしょうか。

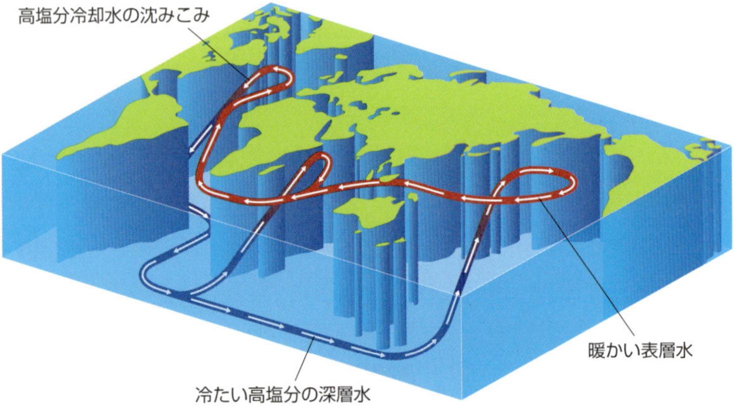

図 7　深層循環（模式図）
（IPCC 第 3 次評価報告書より）

じつは、表層水が深海に沈《しず》みこむ場所があるのです（図 7）。北大西洋のグリーンランド沖では、冬になると海水が凍結《とうけつ》して流氷《りゅうひょう》をつくります。海水が凍る際、塩分は氷から追い出され、この塩分が周囲の海水を重く濃《こ》いものにします。こうしてできた高密度・高塩分の海水がゆっくりと沈降《ちんこう》するのです。南極の周辺にも、同じメカニズムで表層水が沈降する流れがあります。

冷たく重い海水は深海底のすみずみを満たし、おもにインド洋や北太平洋・東太平洋で上昇（湧昇《ゆうしょう》）します。こうして海水は、表層と深層の間を 1 周約 2000 年もかけてゆっくりと循環します。

海水の循環と生態系《せいたいけい》

深層循環は私たちに多くの恵みを与えてくれます。前述した深海の生物も大事ですが、じつは海洋表層に見られる豊かな生態系も、深層循環が支えているのです。

海藻《かいそう》の生える沿岸を除《のぞ》くと、海における主要な光合成生物は植物プランクトンです。植物プランクトンは、光合成で得られる養分以外に、窒素やリンといった必要な栄養を海水から吸収します。そしてこれを食べる動物プランクトン、小魚、さらに大きな魚、と食物連鎖《しょくもつれんさ》が続きます。

ところが、これらの生物の死骸《しがい》や糞《ふん》などかなりの量が、ゆっくりと海底に沈んでいきます。これでは、生物にとって大事な栄養が表層から深層に運ばれ、表層の栄養が枯渇《こかつ》します。これを解決してくれるのが深層循環なのです。上から落ちてきた栄養をたっぷり含んだ深層水が湧昇するところでは、栄養豊かな海水に恵まれてプランクトンが大発生し、豊かな生態系を育《はぐく》みます。イワシやサンマもここでプランクトンを食べて脂がのり、さらにそれがカツオやマグロを太らせます。私たちも海洋深層の豊かな栄養に支えられているのです。

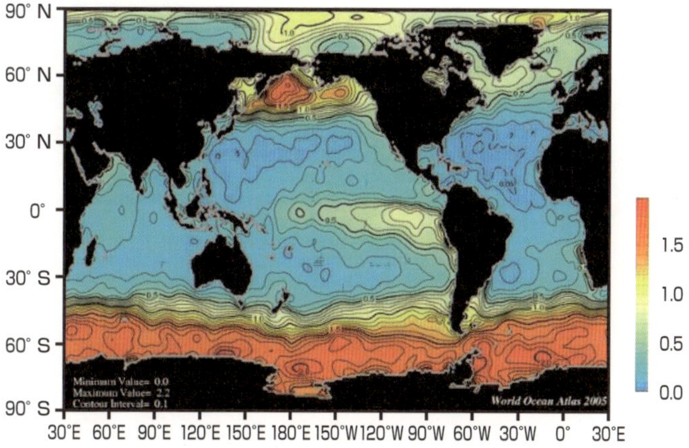

図 8　水深 100m の海水中に含まれるリン酸塩濃度（NOAA2005）

深層循環はほかにも、地球の気候を安定化するなど、地球環境にとって重要な役割をになっています。海洋深層のことはまだまだわかっていないことも多く、今後さらに重要な発見が続くかもしれません。

28 地球の歴史

―地球とそこに住む生物には どんな歴史があるんだろう？―

地球は 46 億年前に誕生しました。地球は幸いにして海をもち、海の中で生命が誕生しました。生命は徐々《じょじょ》に進化し、地球環境の変動に翻弄《ほんろう》されたり、逆に環境を変化させたりしながら、現在につながっています。

地球の過去を調べる方法

地球の過去を知るにはどうすればいいでしょうか。歴史なら、さまざまな文献や資料から過去を知ることができます。同じように、地球の歴史も過去にこんなことが起きた、という証拠が残っていれば、それを頼りに過去の状況を再現することができます。

図 1　地層

地層は砂泥《さでい》などが順序よく堆積《たいせき》したもので、当時そこがどんな環境だったかがわかります（図 1）。陸上なのか海底なのか、海底なら浅いのか深いのか、温かいのか冷たいのか、流れは速いのか、生物は多いのか、など、さまざまなことを教えてくれます。そうした情報が下から上に向かって順番に並んでいるのです。

地層を調べて過去の地球を知ろうとする学問は、18 世紀頃から本格的に始まりました。とくに注目されたのは化石でした。化石は大昔に生物がいた証拠となるもので、とくに化石として残りやすい骨や殻などのほか、巣穴や這《は》いあとのように生物の活動の痕跡《こんせき》も化石となります。

同じ化石があると
同じ時代として
いいんだね

図 2　化石を用いた地層の対比

地層や化石の研究が進んでくると、遠くはなれた場所の地層にも共通する生物化石がふくまれることがわかってきました。どこの地層でも、A という化石は B という化石より上の層から出る、などということが知られてくると、化石を使って地層の時代を決める試みがなされました（図 2）。こうして、それぞれの時代に特徴的な化石を示すことで、世界各地に分布する地層の対比を化石で行うことが可能になりました。

地層以外でも過去がわかる

地層のように地球の過去のできごとを記録したものは、ほかにあるでしょうか。じつはないわけではありません。樹木の幹にある年輪《ねんりん》は、数百年以上も数えられることがあり、その間隔はかつて起きた異常気象などを記録しています。貝殻やサンゴにも年輪は存在し、やはり海の環境変動を記録する貴重な存在です。

南極やグリーンランドをおおう厚い氷は、毎年降る雪が押し固められ、氷になったものです。この氷を表面からくり抜いて、過去数十万年の様子を復元する試みが進んでいます（図 3）。氷には、雪が降りつもった当時の大気が閉じこめられた小さな気泡が入っています。これを分析すると過去の大気成分がわかります。また、氷をつくる水分子そのものを調べることで、かつての気温を復元することもできます。このように、地球の過去を知るには、地層や年輪もふくめ、過去の情報を順番に記録したものを調べればよいのです。

図 3　南極ドームふじ基地で掘削《くっさく》された氷床《ひょうしょう》コアと（a）氷内部の気泡の偏光写真

（提供：国立極地研究所）

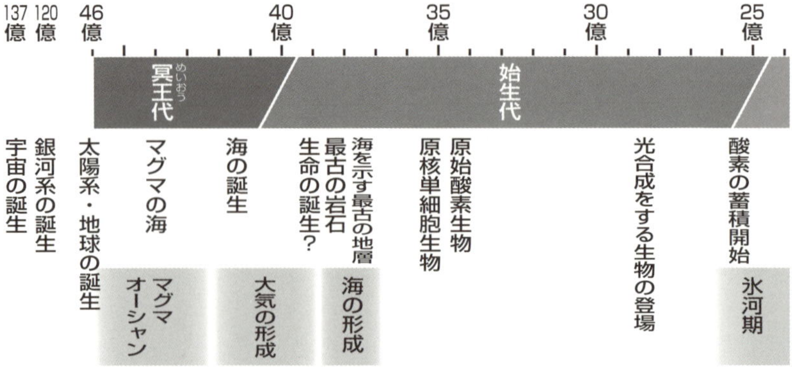

地球と生命の誕生と進化

世界中の地層や年輪などから情報をつなぎ合わせて、地球の歴史を知ることはできないものでしょうか。これは難しい作業です。地球の歴史はずっと連続していますが、地層の記録1つひとつはとても断片的で、しかもその多くはその地層周辺の限定的な環境しか教えてくれません。それでも徐々に、地球の過去の様子が明らかになりつつあります。

地球の歴史は今から46億年前、地球という惑星が誕生するところから始まります。誕生当時の地球は濃密な大気におおわれ、地表全体がマグマの海でおおわれるほどの灼熱《しゃくねつ》の世界でした（図4）。しかししだいに冷えてきて、やがて雨が降り地表に水がたまり始めます。これが海の誕生です。海は地球の環境を劇的に変えました。光は大気を通過して地表や海に射しこむようになり、海にはさまざまな成分が溶けこみます。

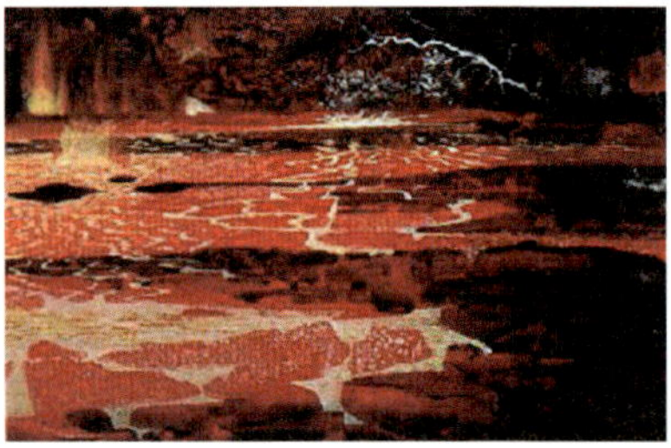

図4　マグマの海
（提供：NASA）

こうした海で、最初に登場した生物は、原始的なバクテリアでした。それからしばらく後、光合成の能力をもつ、シアノバクテリアが登場し、地球環境は一変します。光合成《こうごうせい》によって酸素が放出され、最初は海水中の鉄イオンと結びついて酸化鉄を沈殿《ちんでん》させましたが（→115ページ参照）、

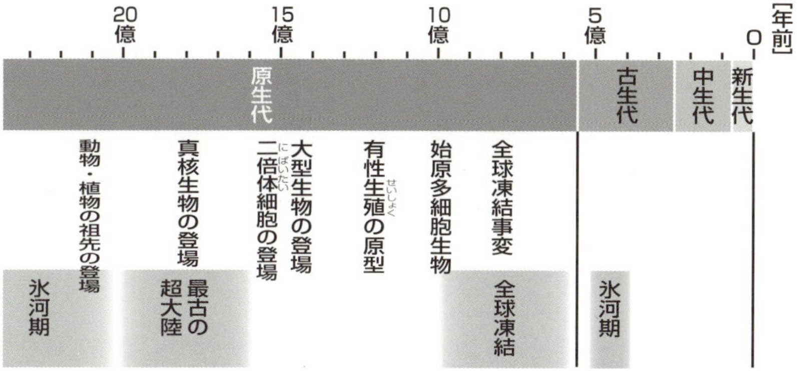

鉄イオンが沈殿した後は酸素が海や大気中に蓄積《ちくせき》し始めます（図5）。酸素は当時の生物には猛毒《もうどく》で、大半の生物が絶滅しましたが、酸素に適応し酸素を利用できる能力を獲得した生物が生き残りました。

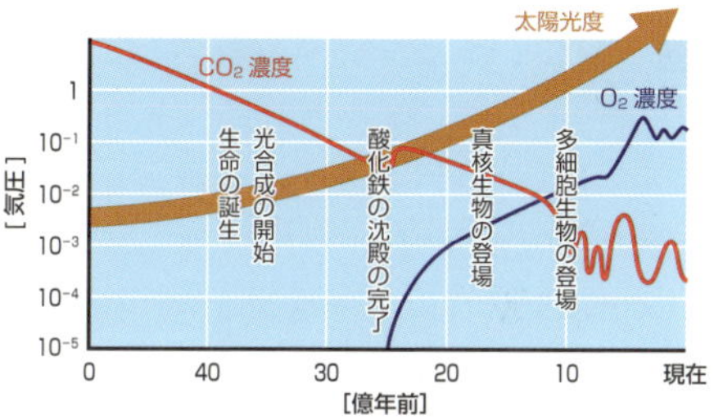

図5　地球史における O_2 濃度と CO_2 濃度の変化

私たちが現在目にする動物や植物は、この激動の時期を生き延びた生物の子孫なのです。

地表環境の進化と生物の交代

シアノバクテリアや植物の光合成によって、地球には酸素が蓄積しましたが、一方で二酸化炭素は陸から海水中に流れこんだカルシウムと結合して沈殿し、大気中から急速に減少していきました。このこともあって地球は徐々に寒冷化し、今から8～6億年前には、地球全体が凍りつくほどの厳しい状況となりました。これを全球《ぜんきゅう》凍結《とうけつ》事《じ》変《へん》（スノーボールアース）といいます（図6）。

図6　スノーボールアース
（提供：University of Bristol）

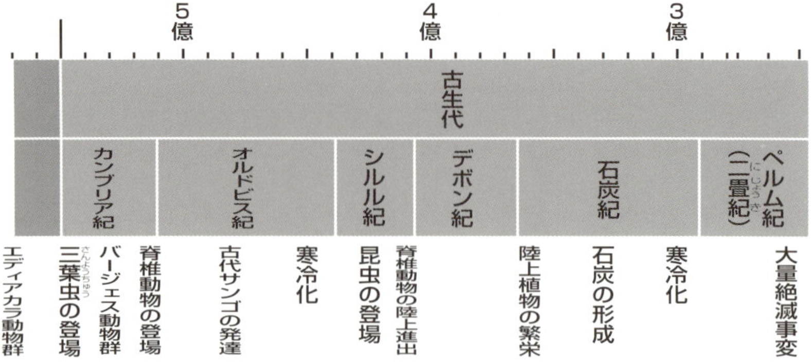

多様な生物の繁栄と移り変わり

厳寒《げんかん》の世界をくぐり抜けた生物は、地球環境が回復した5.4億年前ごろ（古生代カンブリア紀）に急激に増加し、さまざまな生物に進化します（図7）。三葉虫《さんようちゅう》やオウムガイ、体長が60 cm以上もあるアノマロカリスなど、ユニークな生物がたくさん登場しました。さらにサンゴや貝類、原始的な魚類なども、この時代に登場しています。

図7　カンブリア紀の世界

（© 寺越慶司）

大気中に酸素が蓄積し、酸素からオゾン層が形成されると、生物の陸上進出が可能になりました。古生代シルル紀になると、植物や昆虫、両生類らがつぎつぎと陸上に進出しました（図8）。古生代石炭紀になると、陸上にはシダ植物の大森林が形成されました。石炭紀の名称は、これらの植物が地下に大量に埋没《まいぼつ》し、石炭となったからです。しかし、今から2.5億年前のペルム紀末、それまで繁栄していた多くの生物は絶滅してしまいます。大変な天変地異《てんぺんちい》が起こったようです。

図8　シルル紀〜石炭紀の世界

（© 寺越慶司）

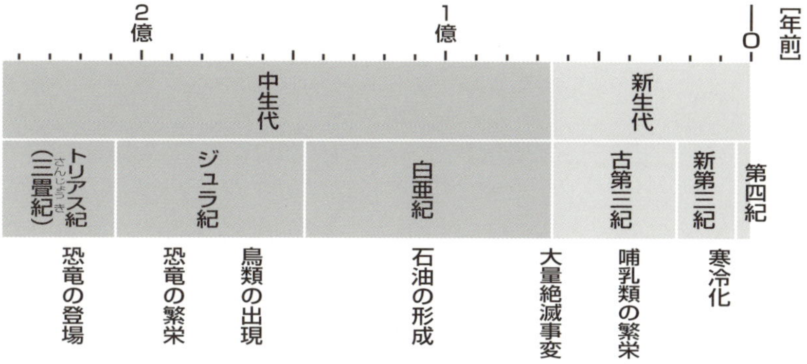

図 9　ジュラ紀の世界
(© 寺越慶司)

つぎの中生代に登場するのは、大型の陸上は虫類、つまり恐竜の仲間です。恐竜は大いに繁栄し、大型化したり、卵や子供を集団で育てたりと、さまざまに進化をとげました。空には翼竜《よくりゅう》が、海の中でもクビナガ竜などの大型は虫類が悠々《ゆうゆう》と泳いでいました。アンモナイトもこの時期の海に繁栄した生物です。

今から 6500 万年前、栄華《えいが》をほこった恐竜たちが突如《とつじょ》として絶滅しました。この原因として最も有力なのが、巨大隕石《いんせき》が地球に衝突したとする説です。メキシコ沿岸の地下に直径 200 km もの巨大なクレーターが発見され、これが隕石衝突の痕跡《こんせき》とされています。

図 10　巨大隕石衝突
(提供：NASA)

隕石の衝突は地球全体の環境を激変させました。多くの生物が死に絶えましたが、運よく生き残った生物は、恐竜に代わってその後の時代を支配することになります。それが哺《ほ》乳《にゅう》類です。地球環境は徐々に寒冷化し、氷《ひょう》期《き》と間氷《かんぴょう》期《き》がくり返す時代がやってきましたが、生物はたくましく生きのびてきました。そして今から 700 万年前、最初の人類が登場したとされています。人類は高度に知能を進化させ、やがて世界中に放散して、現在の私たちにつながっていくのです。

理科年表　地学部「地質年代表」ほか

索　引

あ

か

さ

た

な

は

ま

や

ら

わ

自然科学研究機構　国立天文台
http://www.nao.ac.jp/

理科年表オフィシャルサイト
http://www.rikanenpyo.jp/

理科年表のご意見・ご要望はこちらにお寄せください.
http://www.rikanenpyo.jp/sitsumonbako/about.html

理科年表シリーズ
マイ ファースト サイエンス　よくわかる宇宙と地球のすがた

平成22年7月30日　発　行

編纂者　自然科学研究機構　国立天文台
代表者 台長　観 山 正 見

発行者　小　城　武　彦

発行所　丸 善 株 式 会 社

出版事業部
〒140-0002 東京都品川区東品川四丁目13番14号
編 集：電話(03)6367-6107／FAX(03)6367-6156
営 業：電話(03)6367-6038／FAX(03)6367-6158
http://pub.maruzen.co.jp/

組版印刷・有限会社 悠朋舎／製本・株式会社 星共社

ISBN 978-4-621-08147-1 C 0040　Printed in Japan